高等院校计算机专业精品教材

Python 程序设计实验教程

王利娟　李兴华◎编著

电子工业出版社

Publishing House of Electronics Industry

北京·BEIJING

内 容 简 介

本书共 70 个 Python 实验案例，内容涵盖 Python 中的基本数据类型、数据类型之间的转换、运算符、内置函数、选择结构、循环结构、字符串、列表、元组、字典、集合、函数的创建和使用、异常处理结构、模块及其使用方法、文件操作等。实验案例主要涉及绘图、文本游戏、古典密码、机器学习和网络爬虫等应用领域。本书中的所有代码都使用 Python 3.8 编写，适用于 Python 3.6 及更高版本。

本书既可以作为高等院校 Python 程序设计课程的实验指导书或教师参考书，也可以作为 Python 自学者的参考书。

图书在版编目（CIP）数据

Python 程序设计实验教程 / 王利娟，李兴华编著. —北京：电子工业出版社，2024.3

ISBN 978-7-121-47456-9

Ⅰ. ①P… Ⅱ. ①王… ②李… Ⅲ. ①软件工具－程序设计－教材 Ⅳ. ①TP311.561

中国国家版本馆 CIP 数据核字（2024）第 051781 号

责任编辑：孟　宇
印　　刷：北京天宇星印刷厂
装　　订：北京天宇星印刷厂
出版发行：电子工业出版社
　　　　　北京市海淀区万寿路 173 信箱　　　邮编：100036
开　　本：787×1092　　1/16　　印张：14.5　　字数：324.8 千字
版　　次：2024 年 3 月第 1 版
印　　次：2024 年 12 月第 2 次印刷
定　　价：59.80 元

凡所购买电子工业出版社图书有缺损问题，请向购买书店调换。若书店售缺，请与本社发行部联系，联系及邮购电话：（010）88254888，88258888。

质量投诉请发邮件至 zlts@phei.com.cn，盗版侵权举报请发邮件至 dbqq@phei.com.cn。

本书咨询联系方式：mengyu@phei.com.cn。

前言

本书源于编著者自 2017 年起为本科生一年级和三年级讲授的 Python 程序设计课程的实验案例。本书围绕 Python 的核心内容，旨在帮助读者灵活运用 Python 的基础语法，并掌握 Python 的编程思维，以适应新时代对高素质技术技能人才的需求，符合党的二十大报告中强调的"加快实施创新驱动发展战略"的要求。

目前，国内外已有许多优秀的 Python 教材出版，但专门的 Python 实验案例指导书籍却相对较少，尤其缺少那些能够帮助学生在课外进行拓展练习的指导书籍。为了培养学生的创新能力和实践能力，也为了便于 Python 课程的教师进行相关实验教学，编著者整理了课堂上的实验案例，对它们进行了优化，并提供了详细的运行结果，希望这些内容能对学习 Python 的读者有所助益。

在编写本书的过程中，编著者得到了西安电子科技大学教材建设基金的资助，众多教师给予了鼓励与支持，孟宇编辑为本书的出版工作付出了巨大的努力。在此，编著者向所有给与帮助和支持的人表示衷心的感谢！

鉴于编著者的水平有限，书中难免存在疏漏和不当之处，编著者诚恳地希望读者能够提出宝贵的批评和指正，共同为推动 Python 教育事业的发展贡献力量，实现党的二十大报告中提出的"我们要坚持教育优先发展、科技自立自强、人才引领驱动，加快建设教育强国、科技强国、人才强国，坚持为党育人、为国育才，全面提高人才自主培养质量，着力造就拔尖创新人才，聚天下英才而用之"目标。

编著者
2024 年 1 月

目录

第 1 章

Python 基础

本章主要讲解关于 Python 基本语法元素设计的实验案例,这些实验案例涉及 Python 中的关键字、Python 中的整数和浮点数、Python 中的标识符命名规则、Python 中的运算符和表达式、Python 中对字符串的格式化、Python 中的条件结构和循环结构、Python 中函数的定义和使用等。通过学习这些实验案例,读者能够掌握 Python 的基本语法,培养规范的编程意识,为后续学习打下基础。

1.1 打印水仙花数

1.1.1 实验目的

(1)熟练掌握 for 循环语句的使用方法。

(2)了解内置函数 map()的使用方法。

(3)熟练掌握单分支和多分支条件结构的使用方法。

(4)熟练掌握幂运算符的使用方法。

1.1.2 实验内容

编写程序,打印所有的水仙花数。

1.1.3 实验原理

在十进制中,如果一个 n 位自然数等于各个数位上数字的 n 次幂之和,那么称该数为自幂数。水仙花数(Narcissistic number)是自幂数的一种,它是一个 3 位整数,并且每个数位上的数字的 3 次幂之和等于它本身。本实验借助整除运算、取余运算、lambda 表达式,以及内置函数 divmod()、str()、int()、map()来打印水仙花数。

1.1.4 参考代码

参考代码如下:

```python
# 参考代码 1
# 使用整除运算和取余运算
for i in range(100,1000):
    hundreds = i // 100              # 百位上的数字
    tens = (i % 100) // 10          # 十位上的数字
    ones = i % 10                   # 个位上的数字
    if hundreds ** 3 + tens ** 3 + ones ** 3 == i:
        print(i, end=" ")
```

```python
# 参考代码 2
# 使用内置函数 divmod()
for i in range(100,1000):
    # divmod(x,y) 以元组的形式返回 x 和 y 的商和余数
    hundreds,tens = divmod(i,100)
    tens,ones = divmod(tens,10)
    if hundreds ** 3 + tens ** 3 + ones ** 3 == i:
        print(i, end=" ")
```

```python
# 参考代码 3
# 使用内置函数 str() 和 int()
for i in range(100,1000):
    # 将整数转换为字符串, 从而得到各个数位上的数字
    numbers = str(i)
    result = 0
    for item in numbers:
        result += int(item) ** 3
    if result == i:
        print(i,end= " ")
```

```python
# 参考代码 4
# 使用内置函数 map()
for i in range(100,1000):
    hundreds,tens,ones = map(int,str(i))
    if hundreds ** 3 + tens ** 3 + ones ** 3 == i:
        print(i,end=" ")
```

```python
# 参考代码 5
# 使用 lambda 表达式
for i in range(100,1000):
    result = map(lambda x: int(x) ** 3, str(i))
    if sum(result) == i:
        print(i,end=" ")
```

以上 5 段代码的运行结果相同，具体如下：

```
153 370 371 407
```

进一步编写打印 n 位自幂数的程序，代码如下：

```
# 打印自幂数
n = int(input("请输入要打印的自幂数的位数(1-10)："))
if n == 1:
    print("1 位自幂数是 1-9，共 9 个数字。")
elif n == 2:
    print("2 位自幂数不存在。")
else:
    for i in range(10**(n-1),10**n):
        result = map(lambda x: int(x) ** n, str(i))
        if sum(result) == i:
            print(i,end=" ")
```

以上代码的运行结果如下：

```
请输入要打印的自幂数的位数(1-10)：8
24678050 24678051 88593477
```

1.2　打印乘法表

1.2.1　实验目的

（1）熟练掌握循环语句的嵌套。

（2）掌握字符串方法 format() 的使用方法。

1.2.2　实验内容

编写程序，利用循环语句打印 9×9 乘法表并对输出结果进行格式化。

1.2.3　实验原理

乘法口诀，又称为"九九歌"，产生于我国春秋战国时期。九九乘法表一共有 9 行，第 n 行包含 n 列，因此可以借助循环语句的嵌套实现。

1.2.4　参考代码

参考代码如下：

```
# 使用 for 循环语句实现
for i in range(1,10):
```

```
for j in range(1,i+1):
    print("{}*{}={:<3d}".format(j,i,j*i),end=" ")
print()
```

```
# 使用 while 循环语句实现
i = 1
while i <10:
    j = 1
    while j < i + 1:
        print("{}*{}={:<3d}".format(j,i,j*i),end=" ")
        j += 1
    print()
    i += 1
```

以上两段代码的运行结果相同，具体如下：

```
1*1=1
1*2=2    2*2=4
1*3=3    2*3=6    3*3=9
1*4=4    2*4=8    3*4=12   4*4=16
1*5=5    2*5=10   3*5=15   4*5=20   5*5=25
1*6=6    2*6=12   3*6=18   4*6=24   5*6=30   6*6=36
1*7=7    2*7=14   3*7=21   4*7=28   5*7=35   6*7=42   7*7=49
1*8=8    2*8=16   3*8=24   4*8=32   5*8=40   6*8=48   7*8=56   8*8=64
1*9=9    2*9=18   3*9=27   4*9=36   5*9=45   6*9=54   7*9=63   8*9=72   9*9=81
```

1.3 使用试除法打印正整数 N 以内的所有素数

1.3.1 实验目的

（1）熟练掌握字符串方法 format() 的使用方法。

（2）掌握条件语句的嵌套。

（3）掌握用于生成素数的试除法及其改进方法。

1.3.2 实验内容

编写程序，使用试除法及其改进方法打印正整数 N 以内的所有素数。

1.3.3 实验原理

使用试除法判断一个数 n 是不是素数，只需依次检验 2 到 $n-1$ 之间是否有能够整除 n 的数。只要有一个数能够整除 n，n 就不是素数。因为 $(n/2)+1 \sim n-1$ 的数都不可能整除 n，所以只需使用 2～$n/2$ 的数进行试除。

试除法改进：要判断一个数 n 是否为素数，其实并不需要从 2 判断到 $n/2$。如果一个数可以进行因数分解，那么对于分解得到的两个数，其中一个数一定小于或等于 $\sqrt{n}$，另一个数一定大于或等于 $\sqrt{n}$。因此，无须遍历到 $n/2$，只需遍历到 $\sqrt{n}$。如果 n 能被 m 整除，那么 n 必然能被 n/m 整除。也就是说，如果 n 有一个约数为 m，那么它必然有一个约数为 n/m，因此无须使用 n/m 进行试除。当 $m×m=n$ 时，m 是 n 的算术平方根。因此只需检验 2～$\sqrt{n}$ 的数，从而大幅度减少需要试除的数。

1.3.4　参考代码

参考代码如下：

```python
import math

def is_prime_trial_div_adv(n):
    for i in range(2,int(math.sqrt(n))+1):
        if n % i == 0:
            return False
    return True


number = 0
N = int(input("请输入要打印素数的范围N："))
if N < 2:
    print("没有小于2的素数。")
else:
    for i in range(2,N+1):
        if is_prime_trial_div_adv(i):
            print("{0:<4d}".format(i),end=" ")
            number += 1
            if number % 10 == 0:
                print()
print("\n")
print("1～{}一共有{}个素数。".format(N,number))
```

以上代码的运行结果如下：

```
请输入要打印素数的范围N：500
2    3    5    7    11   13   17   19   23   29
31   37   41   43   47   53   59   61   67   71
73   79   83   89   97   101  103  107  109  113
127  131  137  139  149  151  157  163  167  173
179  181  191  193  197  199  211  223  227  229
233  239  241  251  257  263  269  271  277  281
```

283	293	307	311	313	317	331	337	347	349
353	359	367	373	379	383	389	397	401	409
419	421	431	433	439	443	449	457	461	463
467	479	487	491	499					

1～500 一共有 95 个素数。

1.4　使用筛选法打印正整数 N 以内的所有素数

1.4.1　实验目的

（1）掌握使用埃拉托色尼算法筛选素数的步骤。
（2）掌握列表的 append() 方法。

1.4.2　实验内容

编写程序，使用筛选法打印正整数 N 以内的所有素数。

1.4.3　实验原理

使用埃拉托色尼（Eratosthenes）算法筛选正整数 N 以内的所有素数，步骤如下：写出取值范围为 2～N 的所有整数，然后找出数列中最小的数，也就是 2，将 2 留下，删掉 2 的倍数；再回过头来，找到数列中次小的数，也就是 3，将 3 留下，删掉 3 的倍数；以此类推，直到无数可删为止。

1.4.4　参考代码

参考代码如下：

```
# 当 n 的值很大时，需要很多内存
def prime_sieve(n):
    sieve = list(range(n+1))
    sieve[1] = 0                      # 数字 1 不是素数
    i = 2                             # i 表示当前最小的素数
    while i < n:
        if sieve[i] != 0:
            for pointer in range(i*2,n+1,i):
                sieve[pointer] = 0
        i += 1
    prime = [x for x in sieve if x!=0]
    return prime
```

```
import math

N = int(input("请输入要打印素数的范围N: "))
primes = prime_sieve(N)

for i in range(1,len(primes)+1):
    print("{0:<4d}".format(primes[i-1]),end=" ")
    if i % 10 == 0:
        print()
print("\n")
print("1～{}一共有{}个素数。".format(N,len(primes)))
```

以上代码的运行结果如下：

```
请输入要打印素数的范围N: 500
2    3    5    7    11   13   17   19   23   29
31   37   41   43   47   53   59   61   67   71
73   79   83   89   97   101  103  107  109  113
127  131  137  139  149  151  157  163  167  173
179  181  191  193  197  199  211  223  227  229
233  239  241  251  257  263  269  271  277  281
283  293  307  311  313  317  331  337  347  349
353  359  367  373  379  383  389  397  401  409
419  421  431  433  439  443  449  457  461  463
467  479  487  491  499

1～500 一共有 95 个素数。
```

1.5　使用小素数表生成正整数 N 以内的所有素数

1.5.1　实验目的

（1）掌握使用小素数表生成大素数表的方法。

（2）掌握列表的 append()方法。

（3）掌握 range()函数的参数及其使用方法。

1.5.2　实验内容

编写程序，使用小素数表生成并打印正整数 N 以内的所有素数。

1.5.3　实验原理

要判断一个数是否为素数，并不是用 2、3、4 等依次进行试除，而是用一些素数进行试除。也就是说，要判断一个数是否为素数，需要提前知道一些素数，以便进行试除。因此问题转换为，要生成较大的素数表，需要提前准备一个较小的素数表，然后将判断为素数的数逐个放入素数表，从而生成更大的素数表。因此，初始素数表中应该有一些素数。

1.5.4　参考代码

参考代码如下：

```python
import math

def is_prime(num, prime):
    # 判断 num 是否为素数
    for i in range(len(prime)):
        if prime[i] <= math.sqrt(num) and num % prime[i] == 0:
            return False
    return True

def prime_small_to_large(N):
    if N < 2:
        return []
    prime = [2]
    for num in range(3,N+1,2):
        if is_prime(num, prime):
            prime.append(num)
    return prime

N = int(input("请输入要打印素数的范围N："))
primes = prime_small_to_large(N)

for i in range(1,len(primes)+1):
    print("{0:<4d}".format(primes[i-1]),end=" ")
    if i % 10 == 0:
        print()
print("\n")
print("1～{}一共有{}个素数。".format(N,len(primes)))
```

以上代码的运行结果如下：

```
请输入要打印素数的范围N：500
2    3    5    7    11   13   17   19   23   29
31   37   41   43   47   53   59   61   67   71
73   79   83   89   97   101  103  107  109  113
127  131  137  139  149  151  157  163  167  173
179  181  191  193  197  199  211  223  227  229
233  239  241  251  257  263  269  271  277  281
```

283	293	307	311	313	317	331	337	347	349
353	359	367	373	379	383	389	397	401	409
419	421	431	433	439	443	449	457	461	463
467	479	487	491	499					

1～500 一共有 95 个素数。

1.6　使用六倍法打印正整数 N 以内的所有素数

1.6.1　实验目的

（1）掌握使用六倍法生成素数的原理和步骤。

（2）掌握逻辑运算符 and 的使用方法。

（3）掌握多分支条件结构。

1.6.2　实验内容

编写程序，使用六倍法打印正整数 N 以内的所有素数。

1.6.3　实验原理

首先看一个关于素数分布的规律：大于或等于 5 的素数一定和 6 的倍数相邻。例如，5 和 7，11 和 13，17 和 19，等等。

证明：令 $x \geq 1$，将大于或等于 5 的自然数表示为 $6x-1$、$6x$、$6x+1$、$6x+2$、$6x+3$、$6x+4$、$6x+5$、$6(x+1)$、$6(x+1)+1$……可以看出，不在 6 的倍数两侧的数为 $6x+2$、$6x+3$、$6x+4$。因为 $6x+2=2(3x+1)$、$6x+3=3(2x+1)$、$6x+4=2(3x+2)$，所以它们一定不是素数；因为 $6x$ 也不是素数，所以素数只可能出现在 $6x$ 的相邻两侧。需要注意的是，在 $6x$ 相邻两侧的数不一定是素数，如 35。

1.6.4　参考代码

参考代码如下：

```python
def is_prime_6times(num):
    m = num % 6
    if m != 1 and m != 5:
        return False
    else:
        for i in range(3, int(num ** 0.5)+1, 2):  # 6x 相邻两侧的数一定是奇数
            if num % i == 0:
                return False
        return True
```

```
number = 0
N = int(input("请输入要打印素数的范围N(N>=5)："))

if N < 2:
    print("小于2的素数不存在。")
elif N < 5:
    print("小于5的素数只有2和3。")
else:
    print("{0:<4d}".format(2),end=" ")
    print("{0:<4d}".format(3),end=" ")
    number += 2  #小于5的素数有2个
    for i in range(5,N,2):
        if is_prime_6times(i):
            print("{0:<4d}".format(i),end=" ")
            number += 1
            if number % 10 == 0:
                print()
    print("\n")
    print("1～{}一共有{}个素数。".format(N,number))
```

以上代码的运行结果如下：

```
请输入要打印素数的范围N(N>=5)：500
2    3    5    7    11   13   17   19   23   29
31   37   41   43   47   53   59   61   67   71
73   79   83   89   97   101  103  107  109  113
127  131  137  139  149  151  157  163  167  173
179  181  191  193  197  199  211  223  227  229
233  239  241  251  257  263  269  271  277  281
283  293  307  311  313  317  331  337  347  349
353  359  367  373  379  383  389  397  401  409
419  421  431  433  439  443  449  457  461  463
467  479  487  491  499

1～500一共有95个素数。
```

1.7　使用蒙特卡罗方法计算圆周率的近似值

1.7.1　实验目的

（1）理解蒙特卡罗方法的基本思想。

（2）掌握使用蒙特卡罗方法计算圆周率近似值的原理。

（3）理解计算思维和数学思维之间的区别。

（4）了解 random 模块中的 random()函数。

1.7.2　实验内容

编写程序，使用蒙特卡罗方法计算圆周率的近似值。

1.7.3　实验原理

20 世纪 40 年代，冯·诺伊曼、斯塔尼斯拉夫·乌拉姆和尼古拉斯·梅特罗波利斯在洛斯阿拉莫斯国家实验室为核武器计划工作时，发明了蒙特卡罗方法。

蒙特卡罗方法的基本思想是，当求解某种随机事件出现的概率或某个随机变量的期望值时，通过某种"实验"的方法，以这种随机事件出现的频率估计这种随机事件的概率，或者得到这个随机变量的某些数字特征，并且将其作为问题的解。蒙特卡罗方法广泛应用于金融工程学、宏观经济学、生物医学、计算物理学等领域，在数学中常见的应用是计算积分。

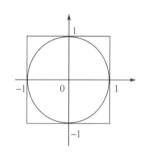

使用蒙特卡罗方法计算圆周率近似值的原理如下：如果正方形内部有一个与之相切的圆，那么圆的面积和正方形的面积之比是 π/4，如图 1-1 所示。如果在正方形内部产生 n 个点（假设这些点均匀分布，并且 n 的值足够大），那么圆内部点的数量与所有点的数量的比值是 π/4，用这个比值乘 4，即可得到圆周率的近似值。通过计算这些点与正方形中心的距离，可以判断这些点是否在圆内部。

图 1-1　使用蒙特卡罗方法计算圆周率的近似值

1.7.4　参考代码

参考代码如下：

```
# 使用计算思维求解圆周率的近似值
from random import random


def compute_pi(times):
    hits = 0
    for i in range(times):
        x = random()
        y = random()
        if x ** 2 + y ** 2 <=1.0:
            hits += 1
    return 4.0 * hits/times


for i in range(2,11):
```

```
times = 10 ** i
print("当n={:,}时,得到的圆周率近似值是{:.7f}".format(times,compute_pi(times)))
```

以上代码的运行结果如下（出于 random 模块的原因，每次运行结果都会略有不同）：

```
当 n=100 时，得到的圆周率近似值是 3.1200000
当 n=1,000 时，得到的圆周率近似值是 3.1960000
当 n=10,000 时，得到的圆周率近似值是 3.1896000
当 n=100,000 时，得到的圆周率近似值是 3.1449600
当 n=1,000,000 时，得到的圆周率近似值是 3.1403720
当 n=10,000,000 时，得到的圆周率近似值是 3.1412492
当 n=100,000,000 时，得到的圆周率近似值是 3.1411729
当 n=1,000,000,000 时，得到的圆周率近似值是 3.1416669
当 n=10,000,000,000 时，得到的圆周率近似值是 3.1415925
```

圆周率近似值的计算公式如下：

$$\pi = \sum_{k=0}^{\infty} \frac{1}{16^k}\left(\frac{4}{8k+1} - \frac{2}{8k+4} - \frac{1}{8k+5} - \frac{1}{8k+6}\right)$$

```
# 使用数学思维求解圆周率的近似值
pi = 0
N = 1000
for k in range(N):
    pi += 1/pow(16,k) * (4/(8*k+1)-2/(8*k+4)-1/(8*k+5)-1/(8*k+6))
print("圆周率的近似值是 {}".format(pi))
```

以上代码的运行结果如下：

```
圆周率的近似值是 3.141592653589793
```

1.8　6174 猜想的验证

1.8.1　实验目的

（1）熟练使用循环语句和条件语句。
（2）掌握字符串方法 join() 的使用方法。
（3）熟练使用内置函数 int()、str() 和 sorted()。

1.8.2　实验内容

编写程序，对 6174 猜想进行验证。

1.8.3　实验原理

数字黑洞是一种运算，这种运算一般限定从某些整数出发，在进行反复迭代后，得到一个循环或确定的答案。对于任意一个各位数字不全相同的整数，在经过有限次重排求差操作后，总会得到某个数或某些数，这些得到的数就是黑洞数。黑洞数又称为陷阱数、卡普雷卡尔（Kaprekar）常数，是一种具有奇特转换特性的数。

　　三位黑洞数是 495。对于任意一个个位、十位、百位上的数字不全相同的三位数，将其各位上的数字重新排列，得到一个最大数和一个最小数，两者相减，得到一个差；对这个差进行上述操作，以此类推，就会得到数字 495。例如，对于三位数 207，将其各位上的数字重新排列，得到最大数 720 和最小数 027，二者的差是 693；将 693 各位上的数字重新排列，得到最大数 963 和最小数 369，二者的差为 594；将 594 各位上的数字重新排列，得到最大数 954 和最小数 459，二者的差为 495。

　　四位黑洞数是 6174。对于一个四位数（4 个数字相同除外，如 2222；3 个数字相同，另一个数字与这个数字相差 1 除外，如 6566），将其各位上的数字重新排列，得到一个最大数和一个最小数，二者相减，得到一个差，对这个差进行上述操作，以此类推，就会得到 6174，并且这个重复过程不超过 7 次（6174 猜想）。例如，对于四位数 3109，将其各位上的数字重新排列，得到最大数 9310 和最小数 0139，二者的差为 9171；将 9171 各位上的数字重新排列，得到最大数 9711 和最小数 1179，二者的差为 8532；将 8532 重新排列，得到最大数 8532 和最小数 2358，二者的差为 6174。

1.8.4　参考代码

　　参考代码如下：

```
def blackHoleNum(num):
    a,b,c,d = map(int,str(num))
    # 4 个数字都相同
    v1 = (a==b==c==d)
    # 3 个数字相同，第 4 个数字与其他数字相差 1
    v2 = (a==b==c and abs(a-d)==1)
    v3 = (a==b==d and abs(a-c)==1)
    v4 = (b==c==d and abs(a-b)==1)
    v5 = (a==c==d and abs(a-b)==1)
    if not v1 and not(v2 or v3 or v4 or v5):
        item = str(num)
        times = 0
        while True:
            big = int(''.join(sorted(item,reverse=True)))
            small = int(''.join(sorted(item)))
            difference = big - small
            #print(f"{big}-{small}={difference}")
            times += 1
            if difference == 6174:
```

```
                if times > 7:
                    print(f'结果为 6174，共重复了{times}次。')
                    break
                else:
                    item = str(difference)
        return times
    else:
        return f"{num}排除在外。"

print(blackHoleNum(1234))
print(blackHoleNum(1215))
print(blackHoleNum(1211))
```

以上代码的运行结果如下：

```
3
7
1211 排除在外。
```

观察以上运行结果，可以发现，要得到 6174，1234 需要重复 3 次；1215 需要重复 7 次；1211 不满足条件，将其排除。我们可以使用 for 循环语句将所有的四位数都验证一下。通过验证所有四位数，可以得出 6174 猜想是成立的。

1.9　约瑟夫问题的求解

1.9.1　实验目的

（1）了解约瑟夫问题。
（2）能够熟练运用循环语句和条件语句。
（3）掌握列表的 append()方法和 pop()方法。
（4）了解标准模块 itertools 中的 circle()函数。

1.9.2　实验内容

编写程序，模拟约瑟夫问题的求解过程，输出出圈人的编号。

1.9.3　实验原理

约瑟夫问题（Josephus Problem），又称为约瑟夫环问题、丢手绢问题。

约瑟夫问题的题目形式有很多种，一般形式如下：N 个人围成一圈，编号为 $1\sim N$，从编号为 1 的人开始报数，报数也从 1 开始，报到 k 的人退出圈子；下一位成员继续从 1 开始报数，报到 k 的人退出圈子；重复这个过程，直到所有人出圈。

　　为了形成一个圈，首先将所有人的编号放入一个列表，然后将报数为 k 的人的编号从列表中取出，最后将其前面的 $k-1$ 个人的编号取出并放入列表的末尾，重复此过程，直到列表为空。

1.9.4　参考代码

　　参考代码如下：

```
# 参考代码1
n,k = input("请输入总人数 N 和报数临界值 k: ").split(',')
print("出圈人的序号依次为: ")

circle = list(range(1,int(n)+1))
#直到所有人都出圈，循环结束
while circle:
    for i in range(int(k)-1):
        circle.append(circle.pop(0))
    # 将报数为 k 的人的编号从列表中取出
    print(circle.pop(0),end=' ')
```

```
# 参考代码2
from itertools import cycle

n,k = input("请输入总人数 N 和报数临界值 k: ").split(',')
print("出圈人的序号依次为: ")

round = list(range(1,int(n)+1))
while round:
    # 创建 cycle 对象
    c = cycle(round)
    # 从 1 到 k 报数
    for i in range(int(k)):
        t = next(c)
    # 报数为 k 的人出圈
    index = round.index(t)
    round = round[index+1:] + round[:index]
    print(t,end=' ')
```

　　以上两段代码的运行结果相同，具体如下：

```
请输入总人数 N 和报数临界值 k: 10,3
出圈人的序号依次为:
3 6 9 2 7 1 8 5 10 4
```

1.10 生成随机密码

1.10.1 实验目的

（1）了解 Python 中的 secrets 模块和 string 模块。

（2）掌握 string 模块中的大写字母、小写字母、数字、标点符号等常量。

1.10.2 实验内容

编写程序，利用 secrets 模块和 string 模块生成用于管理机密信息的随机密码。

1.10.3 实验原理

secrets 模块由 Python 3.6 中的 PEP（Python Enhancement Proposal，Python 增强建议书）引入，可以生成适合用于管理机密信息（如密码、账户身份验证、安全令牌）的加密强随机数。

为了生成一个由 10 个字符构成的密码，字符集 stringSource 被设置为一个由 string 模块中的所有字母、数字和标点符号构成的字符串。假设密码至少包含一个小写字母、一个大写字母、一个数字和一个标点符号，那么分别从 string 模块的小写字母常量 string.ascii_lowercase、大写字母常量 string.ascii_uppercase、数字常量 string.digits 和标点符号常量 string.punctuation 中随机选取一个字符，然后从字符集 stringSource 中随机选取剩下的 6 个字符，即可生成所需的随机密码。

1.10.4 参考代码

参考代码如下：

```
"""
生成一个由 10 个字符构成的密码，至少包含一个小写字母、一个大写字母、一个数字和一个标点符号。
"""
import secrets
import string


stringSource = string.ascii_letters + string.digits + string.punctuation
# 上面的语句与 stringSource = string.printable[:-6]等价
password = secrets.choice(string.ascii_lowercase)          # 随机选取一个小写字母
password += secrets.choice(string.ascii_uppercase)         # 随机选取一个大写字母
password += secrets.choice(string.digits)                  # 随机选取一个数字
password += secrets.choice(string.punctuation)             # 随机选取一个标点符号

# 随机生成剩下的 6 个字符
```

```
for i in range(6):
    password += secrets.choice(stringSource)
# 将密码字符串转换为列表
char_list = list(password)
# 重组
secrets.SystemRandom().shuffle(char_list)
# 将列表转换为密码字符串
password = ''.join(char_list)
print("生成的随机密码: ",password)
```

以上代码运行后的可能结果如下：

```
生成的随机密码:    3#pguMX\^b
```

1.11　判断随机密码的安全性强弱

1.11.1　实验目的

（1）掌握 Python 中的条件语句和循环语句。

（2）熟悉函数的编写及文件的读操作。

（3）熟悉输出函数 print()的关键字参数 end 的使用方法。

（4）了解标准模块 string 中的常量。

（5）理解密码安全性强度的概念。

1.11.2　实验内容

编写程序，读取存储密码的文件，检查每个密码是否符合密码安全性强度规则，并且输出检查结果。

1.11.3　实验原理

密码强度是指一个密码对抗猜测或暴力破解的有效程度。在一般情况下，密码强度是指一个未授权的访问者得到正确密码的平均尝试次数。密码强度和其长度、复杂度及不可预测度有关。安全性强的密码可以降低安全漏洞的整体风险。常用的密码安全性强度规则：含有大小写字母，含有数字，含有特殊字符，长度至少为 8 位。

1.11.4　参考代码

参考代码如下：

```
import string
def check_passwd(pwd):
```

```python
    if not isinstance(pwd,str):
        return "要判断的密码不是字符串"

    level = {1:"弱",2:"较弱",3:"中",4:"较强",5:"强"}
    result = [False] * 5

    if len(pwd) >= 8:
        result[0] = True

    for ch in pwd:
        # 检查是否含有数字
        if not result[1] and ch in string.digits:
            result[1] = True
        # 检查是否含有大写字母
        elif not result[2] and ch in string.ascii_uppercase:
            result[2] = True
        # 检查是否含有小写字母
        elif not result[3] and ch in string.ascii_lowercase:
            result[3] = True
        # 检查是否含有标点符号
        elif not result[4] and ch in string.punctuation:
            result[4] = True

    return level.get(result.count(True),"error")

# 读取文件
with open("./inputfile/password.txt","r") as fp:
    lines = fp.readlines()     # 返回一个列表，每个密码都是该列表中的一个元素

for item in lines:
    item = item.strip()
    print("要检查的密码为: " + item)
    print("密码安全性强度: ",end="")
    result = check_passwd(item)
    print(result)
    print()
```

用于进行测试的密码文件 password.txt 中的内容如下：

```
13t11jtk
123456
W-3Wk7t14D
3aA245362
```

```
123t2lASDJ
password
Avbw23r9gfs
,hwFV8(bF1
23523523613
AJFQWEFQWFK
D7*LOKFeLi
```

以上代码的运行结果如下：

要检查的密码为：13t11jtk
密码安全性强度：　中

要检查的密码为：123456
密码安全性强度：　弱

要检查的密码为：W-3Wk7t14D
密码安全性强度：　强

要检查的密码为：3aA245362
密码安全性强度：　较强

要检查的密码为：123t2lASDJ
密码安全性强度：　较强

要检查的密码为：password
密码安全性强度：　较弱

要检查的密码为：Avbw23r9gfs
密码安全性强度：　较强

要检查的密码为：,hwFV8(bF1
密码安全性强度：　强

要检查的密码为：23523523613
密码安全性强度：　较弱

要检查的密码为：AJFQWEFQWFK
密码安全性强度：　较弱

要检查的密码为：D7*LOKFeLi
密码安全性强度：　强

1.12　暴力破解 MD5 值

1.12.1　实验目的

（1）理解 MD5 算法的原理。
（2）熟练运用内置函数 print()的 end 参数。
（3）了解标准模块 hashlib、itertools 和 time 的使用方法。
（4）熟练运用字符串的 join()方法和 encode()方法。

1.12.2　实验内容

编写程序，使用暴力枚举的方法破解一个 32 位的 MD5 值。该 MD5 值是对一个包含 5~9 个字符的字符串使用 UTF-8 编码后得到的字节串进行加密的结果，要求输出破解结果，以及破解所需的时间。

1.12.3　实验原理

MD5（Message-Digest Algorithm 5，信息-摘要算法 5）是一种广泛应用的哈希算法。使用 MD5 可以通过一个函数，将任意长度的数据转换为一个长度固定的数据串。MD5 只是一个信息-摘要算法，并不是加密算法。因为加密后的信息是完整的，可以使用解密算法将其转换为原始数据；而摘要信息是不完整的，不能通过摘要信息得到原始数据。例如，给定一个 32 位的字符串'd41d8cd98f00b204e9800998ecf8427e'，如果事先不知道原始数据，那么收到信息的人永远不会得出它的输入信息是一个空白字符。

使用 MD5 输出的哈希值长度默认为 128 位，也就是输出一个由 128 个 0 或 1 构成的二进制字符串。这样表示很不友好，所以将二进制字符串转换成十六进制字符串，每 4 个二进制位表示一个十六进制位，即可得到一个 32 位（128÷4=32）的十六进制字符串，即一个 32 位 MD5 值。使用 MD5 可以进行一致性检验、数字签名和安全访问认证等。一个原始数据，只对应一个 MD5 值，但是一个 MD5 值可能对应多个原始数据。MD5 值的破解是指找到一个字符串，计算其 MD5 值，使其和要破解的 MD5 值一样。

1.12.4　参考代码

参考代码如下：

```
from hashlib import md5
import string
from itertools import permutations
from time import time
```

```
all_letters = string.ascii_letters + string.digits + ".,;"
# 候选字符集
# 26 + 26 + 10 + 3，一共有 65 个字符

def decrypt_md5(md5_value):
    # 转换为小写的 MD5 值
    md5_value = md5_value.lower()
    # 预期原文字符串长度
    for k in range(5,10):
        # 暴力测试
        for item in permutations(all_letters,k):
            # permutations 对象中元素的数据类型是元组类型
            item = ''.join(item)
            if md5(item.encode()).hexdigest() == md5_value:
                return item

# 测试
md5_value = '147b5e702e41a5799330990717524474'  #ab01c
if len(md5_value) != 32:
    print("输入的 MD5 值长度不是 32 位。")
else:
    start = time()
    result = decrypt_md5(md5_value)
    if result:
        print("Success: " + md5_value + " ==> " + result)
    print("Time used: {:.3f}s".format(time()-start))
```

以上代码的运行结果如下：

```
Success: 147b5e702e41a5799330990717524474 ==> ab01c
Time used: 0.246s
```

1.13　制作简单的文本进度条

1.13.1　实验目的

（1）掌握字符串的连接操作。
（2）掌握字符串方法 format() 的使用方法。
（3）了解标准模块 time 的使用方法。

1.13.2　实验内容

编写程序，制作简单的文本进度条。

1.13.3　实验原理

按照任务执行百分比，将整个任务划分为 100 个单位，每执行 *N*%，都要输出一次进度条。输出的进度条包含进度百分比、已完成的部分（使用"*"符号表示）、未完成的部分（使用"."符号表示），以及一个连接已完成部分和未完成部分的小箭头，具体格式如下：

```
%10[****->......................................]
```

可以使用字符串的方式打印动态变化的文本进度条，使每一行的进度持续变化。此外，可以利用 time 模块中的 sleep()函数控制进度条的变化时间。

1.13.4　参考代码

参考代码如下：

```python
import time

scale = 10
print(10*"-" + "执行开始" + 10*"-")
for i in range(scale+1):
    complete = '**' * i
    unfinished = '..' * (scale-i)
    progress = (i/scale)*100
    print("{:>3.0f}%[{}->{}]".format(progress,complete,unfinished))
    time.sleep(0.1)
print(10*"-" +"执行结束"+10*"-" )
```

以上代码的运行结果如下：

```
----------执行开始----------
  0%[->....................]
 10%[**->..................]
 20%[****->................]
 30%[******->..............]
 40%[********->............]
 50%[**********->..........]
 60%[************->........]
 70%[**************->......]
 80%[****************->....]
 90%[******************->..]
100%[********************->]
----------执行结束----------
```

1.14　制作单行动态进度条

1.14.1　实验目的

（1）掌握转义字符"\r"的功能。
（2）掌握字符串方法 format()的使用方法。
（3）了解标准模块 time 的使用方法。

1.14.2　实验内容

编写程序，制作单行动态进度条。

1.14.3　实验原理

进度条是人机交互的纽带之一，可以改善用户对产品的体验。在上一个实验的基础上，利用转义字符"\r"制作单行动态进度条。

1.14.4　参考代码

参考代码如下：

```
import time

scale = 50
print("执行开始".center(scale//2,'-'))
start = time.perf_counter()
for i in range(scale+1):
    complete = '**' * i
    unfinished = '..' * (scale-i)
    progress = (i/scale)*100
    during = time.perf_counter() - start
    print("\r{:>3.0f}%[{}->{}]{:.2f}s".format(progress,complete,unfinished,
during),end='')
    time.sleep(0.1)
print("\n"+"执行结束".center(scale//2,'-'))
```

因为 Python 的集成开发和学习环境 IDLE（Integrated Development and Learning Environment）屏蔽了转义字符"\r"的功能，所以在 Windows cmd（command）命令行窗口中执行以上代码。在运行过程中，输出结果（进度百分比）是动态的，以上代码的运行结果如下：

```
----------执行开始----------
100%[*********************************************->]5.42s
----------执行结束----------
```

1.15　打印最长子字符串

1.15.1　实验目的

（1）掌握 Python 中字符串的创建和使用方法。

（2）熟练运用 Python 中的条件语句和循环语句。

（3）理解如何对子字符串进行处理。

1.15.2　实验内容

编写程序，指定一个由小写字母组成的字符串 s，打印字符串 s 中按照字母表顺序排序的最长子字符串。例如，指定字符串 s = 'azcbobobegghakl'，程序输出字符串'beggh'。如果出现相同长度的子字符串，那么打印第一个子字符串。例如，指定字符串 s = 'abcbcd'，程序输出子字符串'abc'。

1.15.3　实验原理

为了找出指定字符串 s 中按照字母表顺序排序的最长子字符串，本实验使用 for 循环语句实现。首先，初始化 3 个变量：变量 substring 主要用于存储局部最长子字符串，初始值为字符串 s 中的第一个字符；变量 length_sub 主要用于存储全局最长子字符串的长度，初始值为 0；变量 long_sub 主要用于存储全局最长子字符串，初始值为空字符串。其次，从字符串 s 中的第二个字符开始，依次对比每个字符与变量 substring 中的最后一个字符。如果当前字符的 ASCII 码比变量 substring 中的最后一个字符的 ASCII 码大，那么将其添加到 substring 中。如果当前字符的 ASCII 码比变量 substring 中的最后一个字符的 ASCII 码小，那么对比变量 substring 的长度与变量 length_sub 的长度。如果变量 substring 的长度比变量 length_sub 的长度长，那么将变量 substring 赋值给变量 long_sub，并且将字符串 s 中的当前字符赋值给变量 substring；如果变量 substring 的长度比变量 length_sub 的长度短，则只将当前 s 中的字符赋值给 substring。

1.15.4　参考代码

参考代码如下：

```python
def find_alph_substring(s):
    # 函数返回字符串 s 中按照字母表顺序排序的最长子字符串
    substring = s[0]
```

```
    length_sub = 0
    long_sub = ""
    for i in range(1,len(s)):
        if s[i] >= substring[-1]:
            substring += s[i]
            if i == len(s)-1 and len(substring) > length_sub :
                long_sub = substring
        elif len(substring) > length_sub:
            long_sub = substring
            length_sub = len(long_sub)
            substring = s[i]
        else:
            substring = s[i]
    return long_sub

# 测试
test_s = ['azcbobobegghakl',
        'abcbcd',
        'undwqwflzpqawuh',
        'pswfrygiodgtlyvdctxmyzup',
        'szzqunblor',
        'mxutkmarvsgclr',
         'abcdefghijklmnopqrstuvwxyz',
        'qiawscsqsaaioescoits',
        'qwuihwvtfshdqiri',
        'zyxwvutsrqponmlkjihgfedcba'
        ]
print("字符串中按照字母顺序排序的最长子字符串是：")
for s in test_s:
    long_sub = find_alph_substring(s)
    print(f"{s}: {long_sub}")
```

以上代码的运行结果如下：

```
字符串中按照字母顺序排序的最长子字符串是：
azcbobobegghakl: beggh
abcbcd: abc
undwqwflzpqawuh: flz
pswfrygiodgtlyvdctxmyzup: psw
szzqunblor: blor
mxutkmarvsgclr: arv
abcdefghijklmnopqrstuvwxyz: abcdefghijklmnopqrstuvwxyz
qiawscsqsaaioescoits: aaio
qwuihwvtfshdqiri: qw
zyxwvutsrqponmlkjihgfedcba: z
```

第 2 章

Python 中的复合数据结构

本章主要讲解 Python 中复合数据结构的相关实验案例，内容涉及元组的创建、使用、切片和索引，列表的创建和常见方法，列表的切片和索引，字典的创建和使用，以及字典常见的方法。通过这些案例的编程学习，希望读者能够对 Python 中的复合数据结构有一定的认识，掌握元组、列表、字典等序列的常用方法和基本操作，理解它们的适用领域，学会综合应用这些复合数据结构解决实际问题。

2.1 批量修改文件名

2.1.1 实验目的

（1）熟练掌握 string 模块中的常量。

（2）熟练使用 random 模块中的函数。

（3）了解标准模块 os。

2.1.2 实验内容

编写程序，批量修改指定文件夹中所有文件的文件名。

2.1.3 实验原理

首先利用标准模块 os 列出指定文件夹中的所有文件，然后获取每个文件的文件名和扩展名，再利用 string 模块生成随机长度的文件名，最后修改每个文件的文件名。

2.1.4 参考代码

参考代码如下：

```
import string
import os
```

```
import random

def random_file_name(path):
    # 对于文件夹 path 中的每个文件
    for file in os.listdir(path):
        # 分离文件名和扩展名
        file_name,file_extension = os.path.splitext(file)
        # 获取新文件名的字符串长度
        random_length = random.randint(5,20)
        new_name = ''.join([random.choice(string.ascii_letters) for i in range
(random_length)])
        # 重命名文件
        os.rename(os.path.join(path,file),os.path.join(path,new_name+file_
extension))
# 测试
path = "C:/Users/Lenovo/Desktop/test_random"
random_file_name(path)
```

在运行以上代码前，文件夹 path 中的文件如图 2-1 所示；在运行以上代码后，文件夹 path 中的文件如图 2-2 所示。

图 2-1　修改文件名前文件夹 path 中的文件　　图 2-2　修改文件名后文件夹 path 中的文件

2.2　DNA 序列的翻译

2.2.1　实验目的

（1）熟悉文件的打开和关闭操作。

（2）熟练使用字符串的 replace() 方法。

（3）掌握字符串的切片操作。

2.2.2　实验内容

编写程序，下载 DNA 序列和蛋白质序列，将 DNA 序列导入文件，根据字典翻译 DNA 序列，对比翻译后得到的蛋白质序列和下载的蛋白质序列，看二者内容是否一致。

2.2.3　实验原理

NCBI（National Center for Biotechnology Information）是美国国家生物技术信息中心，是美国 DNA 和相关信息的公开存储库。从 NCBI 的官方网站上下载两个文件，文件 1 中的内容为 DNA 序列，文件 2 中的内容为由此 DNA 序列翻译得到的蛋白质序列，具体步骤如下：

（1）打开 NCBI 官方网站，展开 All Databases 下拉菜单，选择 Nucleotide 选项，在其后的文本框中输入"NM_207618.2"，然后单击文本框后面的 Search 按钮，如图 2-3 所示。

图 2-3　搜索

（2）单击步骤（1）打开的子页面中的 FASTA 链接，如图 2-4 所示，打开 FASTA 子页面。

图 2-4　搜索结果

（3）在步骤（2）打开的 FASTA 子页面中选择 DNA 序列（开始为"G"，结束为"T"），如图 2-5 所示，将其存储为文本文件 dna.txt。

（4）返回上一个页面，即图 2-4 所示的页面，找到页面中间的 CDS 链接并单击，如图 2-6 所示，会在右下角弹出 Detail 面板，在该面板中选择"/translation="后面引号中的内容，如图 2-7 所示，将其存储为文本文件 protein.txt。

通过以上 4 步操作，将所需文件准备好。需要注意的是，要保证所写的 Python 程序和下载的两个文本文件位于同一个目录卜。

创建一个函数，用于删除导入的文件中的特殊字符，并且返回该文件中的内容。DNA 序列的翻译过程本质上是一个查找表的操作，因此创建一个翻译表 table，它是一个字典变量，键是核苷酸三元组对应的字符串，值是对应不同氨基酸的普通单字符字字符串。翻译后得到的蛋白质序列末位是一个停止密码子"_"，它就像一个段落的结束符号，而下载的蛋白质序列

中没有这个停止密码子。本实验要通过两种方式对 DNA 序列进行翻译，使 DNA 序列的翻译
结果与下载的蛋白质序列保持一致。

FASTA ▾

Mus musculus vomeronasal 1 receptor, D18 (V1rd18), mRNA

NCBI Reference Sequence: NM_207618.2

GenBank　Graphics

>NM_207618.2 Mus musculus vomeronasal 1 receptor, D18 (V1rd18), mRNA
GGTCAGAAAAAGCCCTCTCCATGTCTACTCACGATACATCCCTGAAAACCACTGAGGAAGTGGCTTTTCA
GATCATCTTGCTTTGCCAGTTTGGGGTTGGGACTTTTGCCAATGTATTTCTCTTTGTCTATAATTTCTCT
CCAATCTCGACTGGTTCTAAACAGAGGCCCAGACAAGTGATTTTAAGACACATGGCTGTGGCCAATGCCT
TAACTCTCTTCCTCACTATATTTCCAAACAACATGATGACTTTTGCTGCCAATTATTCCTCAAACTGACCT
CAAATGTAAATTAGAATTCTTCACTCGCCTCGTGGCAAGAAGCACAAACTTGTGTTCAACTTGTGTTCTG
AGTATCCATCAGTTTGTCACACTTGTTCCTGTTAATTCAGGTAAAGGAATTACTCAGAGCAAGTGTCACAA
ACATGGCAAGTTATTCTTGTTACAGTTGTTGGTTCTTCAGTGTCTTAAATAACATCTACATTCCAATTAA
GGTCACTGGTCCACAGTTAACGACAATAACAATAACTCTAAAAGCAAGTTGTTCTGTTCCACTTCTGAT
TTCAGTGTAGGCATTGTCTTCTTGAGGTTTGCCCATGATGCCACATTCATGAGCATCATGGTCTGGACCA
GTGTCTCCATGGTACTTCTCCTCCATAGACATTGTCAGAGAATGCAGTACATATTCACTCTCAATCAGGA
CCCAGGGGCCAAGCAGAGACCAGCAACCCATACTATCCTGATGCTGGTAGTCACATTTGTTGGCTTT
TATCTTCTAAGTCTTATTTGTATCATCTTTTACACCTATTTATATTCTCATCATTCCCTGAGGCATT
GCAATGACATTTTGGTTTCGGGTTTCCCTACAATTTCTCCTTTACTGTTGACCTTCAGAGACCCTAAGGG
TCCTTGTTCTGTGTTCTTCAACTGTTGAAAGCCAGAGTCACTAAAAATGCCAAACACAGAAGACAGCTTT
GCTAATACCATTAAATACTTTATTCCATAAATATGTTTTTAAAAGCTTGTATGAACAAGGTATGGTGCTC
ACTGCTATACTTATAAAAGAGTAAGGTTATAATCACTTGTTGATATGAAAAGATTTCTGGTTGGAATCTG
ATTGAAACAGTGAGTTATTCACCACCCTCCATTCTCT

图 2-5　选择 DNA 序列

CDS　　21..938
　　　　/gene="V1rd18"
　　　　/codon_start=1
　　　　/product="vomeronasal 1 receptor, D18"
　　　　/protein_id="NP_997501.2"
　　　　/db_xref="GeneID:404288"
　　　　/db_xref="MGI:MGI:3033487"
　　　　/translation="MSTHDTSLKTTEEVAFQIILLCQFGVGTFANVLFVYNFSPIST
　　　　GSKQRPRQVILRHMAVANALTLFLTIFPNNMMTFAPIIPQTDLKCKLEFFTRLVARST
　　　　NLCSTCVLSIHQFVTLVPVNSGKGILRASVTNMASYSCYSCWFFSVLNNIYIPIKVTG
　　　　PQLTDNNNNSKSKLFCSTSDFSVGIVFLRFAHDATFMSIMVWTSVSMVLLLHRHCQRM
　　　　QYIFTLNQDPRGQAETTATHTILMLVVTFVGFYLLSLICIIFYTYFIYSHHSLRHCND
　　　　ILVSGFPTISPLLLTFRDPKGPCSVFFNC"

图 2-6　蛋白质序列

21..938
/gene="V1rd18"
/codon_start=1
/product="vomeronasal 1 receptor, D18"
/protein_id="NP_997501.2"
/db_xref="GeneID:404288"
/db_xref="MGI:MGI:3033487"
/translation="MSTHDTSLKTTEEVAFQIILLCQFGVGTFANVLFVYNFSPIST
GSKQRPRQVILRHMAVANALTLFLTIFPNNMMTFAPIIPQTDLKCKLEFFTRLVARST
NLCSTCVLSIHQFVTLVPVNSGKGILRASVTNMASYSCYSCWFFSVLNNIYIPIKVTG
PQLTDNNNNSKSKLFCSTSDFSVGIVFLRFAHDATFMSIMVWTSVSMVLLLHRHCQRM
QYIFTLNQDPRGQAETTATHTILMLVVTFVGFYLLSLICIIFYTYFIYSHHSLRHCND
ILVSGFPTISPLLLTFRDPKGPCSVFFNC"

图 2-7　复制蛋白质序列

2.2.4 参考代码

参考代码如下:

```python
def read_seq(inputfile):
    """
```
本函数会将 inputfile 文件中的特殊字符(如"\n"符号和"\r"符号)删除,并且返回该文件中的内容。
```python
    """
    with open(inputfile,"r") as f:
        seq = f.read()
    seq = seq.replace("\n","")
    seq = seq.replace("\r","")
    return seq


def translate(seq):
    """
```
本函数主要用于将包含核苷酸序列的字符串 seq 翻译为包含相应氨基酸序列的字符串。
核苷酸序列是一个长度为 3 个字符的字符串,每个氨基酸编码都是长度为 1 个字符的字符串。
```python
    """
    table = {
    'ATA':'I', 'ATC':'I', 'ATT':'I', 'ATG':'M',
    'ACA':'T', 'ACC':'T', 'ACG':'T', 'ACT':'T',
    'AAC':'N', 'AAT':'N', 'AAA':'K', 'AAG':'K',
    'AGC':'S', 'AGT':'S', 'AGA':'R', 'AGG':'R',
    'CTA':'L', 'CTC':'L', 'CTG':'L', 'CTT':'L',
    'CCA':'P', 'CCC':'P', 'CCG':'P', 'CCT':'P',
    'CAC':'H', 'CAT':'H', 'CAA':'Q', 'CAG':'Q',
    'CGA':'R', 'CGC':'R', 'CGG':'R', 'CGT':'R',
    'GTA':'V', 'GTC':'V', 'GTG':'V', 'GTT':'V',
    'GCA':'A', 'GCC':'A', 'GCG':'A', 'GCT':'A',
    'GAC':'D', 'GAT':'D', 'GAA':'E', 'GAG':'E',
    'GGA':'G', 'GGC':'G', 'GGG':'G', 'GGT':'G',
    'TCA':'S', 'TCC':'S', 'TCG':'S', 'TCT':'S',
    'TTC':'F', 'TTT':'F', 'TTA':'L', 'TTG':'L',
    'TAC':'Y', 'TAT':'Y', 'TAA':'_', 'TAG':'_',
    'TGC':'C', 'TGT':'C', 'TGA':'_', 'TGG':'W'
    }
    protein = ""
    if len(seq) % 3 == 0:
        for i in range(0,len(seq),3):
            codon = seq[i:i+3]
            protein += table[codon]
```

```
      return protein


prt = read_seq("./inputfile/protein.txt")
dna = read_seq("./inputfile/dna.txt")
# 翻译 DNA 序列，开始和结束的位置分别为 21 和 938
print(translate(dna[20:938]))
# 第一种方式，改变 translate()函数的参数
trans1 = translate(dna[20:935])
# 第二种方式，转换 translate()函数的返回值
trans2 = translate(dna[20:938])[:-1]
print('翻译后的蛋白质序列是否和下载的蛋白质序列一致：',prt == trans1 == trans2)
```

以上代码的运行结果如下：

```
MSTHDTSLKTTEEVAFQIIILLCQFGVGTFANVFLFVYNFSPISTGSKQRPRQVILRHMAVANALTLFLTIFPNNMMT
FAPIIPQTDLKCKLEFFTRLVARSTNLCSTCVLSIHQFVTLVPVNSGKGILRASVTNMASYSCYSCWFFSVLNNIYI
PIKVTGPQLTDNNNNSKSKLFCSTSDFSVGIVFLRFAHDATFMSIMVWTSVSMVLLLHRHCQRMQYIFTLNQDPRGQ
AETTATHTILMLVVTFVGFYLLSLICIIFYTYFIYSHHSLRHCNDILVSGFPTISPLLLTFRDPKGPCSVFFNC_
翻译后的蛋白质序列是否和下载的蛋白质序列一致：  True
```

2.3　身份证号码的合法性检测

2.3.1　实验目的

（1）熟悉身份证号码校验码的计算原理。

（2）熟练使用条件语句和循环语句。

（3）理解循环结构中 break 语句的作用。

（4）掌握列表结构的切片操作。

2.3.2　实验内容

编写程序，检测输入的身份证号码的合法性，并且输出持卡人的出生日期和性别。

2.3.3　实验原理

我国公民的身份证号码是特征组合码，由 17 位数字的本体码和 1 位数字的校验码组成。排列顺序从左至右依次为 6 位数字的地址码、8 位数字的出生日期码、3 位数字的顺序码和 1 位数字的校验码。

- 地址码是编码对象常住户口所在地的行政区划代码，按 GB/T 2260 的规定执行。地址码的数字编码规则如下。

  ➤ 第 1、2 位代码表示省、自治区、直辖市、特别行政区。

> 第 3、4 位代码表示市、地区、自治州、盟、直辖市所属市辖区（县、县级市）、省（自治区）直辖县级行政单位。
> 第 5、6 位代码表示县、自治县、县级市、旗、自治旗、市辖区、林区、特区。

- 出生日期码表示编码对象出生的年、月、日，按 GB/T 7408 的规定执行，年、月、日代码之间没有分隔符，如 19810511 表示 1981 年 05 月 11 日。
- 顺序码是在同一个地址码标识的区域范围内，对同年、同月、同日出生的人编定的顺序号。顺序码的奇数被分配给男性，偶数被分配给女性。
- 校验码是按照居民身份证号码规定，根据前面 17 位数字的本体码，使用计算公式计算出来的。

对于一个 18 位的身份证号码，可以通过计算最后一位校验码，判断其是否合法。最后一位校验码的计算过程如下。

（1）将身份证号码前面 17 位数字分别乘相应的系数并求和。

（2）用上一步计算得到的和除以 11，得到余数。

（3）根据余数和最后一位校验码的对应关系，找到身份证号码的校验码，如果校验码和要判断的身份证号码最后一位相同，则表示身份证号码合法；否则表示身份证号码不合法。

2.3.4　参考代码

参考代码如下：

```
# factor 中的元素分别表示从第 1 位数字到第 17 位数字的系数
factor = [7, 9, 10, 5, 8, 4, 2, 1, 6, 3, 7, 9, 10, 5, 8, 4, 2]
# last 中的元素表示身份证最后一位号码，分别与余数 0、1、2、3、4、5、6、7、8、9、10 对应
last = ['1', '0', 'X', '9', '8', '7', '6', '5', '4', '3', '2']
while True:
    ID = input("请输入身份证号码，或者输入"0"退出：")
    if ID == '0':
        break
    if len(ID) !=18:
        print("输入的身份证号码位数不对，请重新输入。")
        continue
    else:
        weighted_sum = 0
        for i in range(17):
            weighted_sum += int(ID[i]) * factor[i]

        remaineder = weighted_sum % 11
        last_char = ID[-1].upper()
        if last_char == last[remaineder]:
```

```
        print(ID,'为合法身份证号码,',end='')
        print(f'出生日期为{ID[6:10]}年{ID[10:12]}月{ID[12:14]}日,',end='')
        if int(ID[-2]) % 2 == 0:
            print("持卡人为女性。")
        else:
            print("持卡人为男性。")
    else:
        print(ID,'为非法身份证号码。')
```

以上代码的运行结果如下：

请输入身份证号码，或者输入"0"退出：53010219200508011
输入的身份证号码位数不对，请重新输入。
请输入身份证号码，或者输入"0"退出：53010219200508011X
53010219200508011X 为合法身份证号码,出生日期为 1920 年 05 月 08 日,持卡人为男性。
请输入身份证号码，或者输入"0"退出：0

2.4 tkinter 版身份证号码的合法性检测

2.4.1 实验目的

（1）了解 tkinter 模块中各类对话框的使用方法。

（2）熟练掌握和运用 tkinter 变量。

（3）熟练掌握函数的定义和使用方法。

2.4.2 实验内容

使用 Python 标准模块 tkinter 编写图形版的身份证号码合法性检测程序。

2.4.3 实验原理

在之前的身份证号码合法性检测程序的基础上，利用 tkinter 模块，添加图形界面，在用户输入身份证号码后，程序给出该身份证号码是否合法的结果，并且输出持卡人的出生日期及性别。

2.4.4 参考代码

参考代码如下：

```
import tkinter


factor = (7,9, 10, 5, 8, 4, 2, 1, 6, 3, 7, 9, 10, 5, 8, 4, 2)
```

```python
last = ("1", "0", "X", "9", "8", "7", "6", "5", "4", "3", "2")


def ID_detection():
    ID = ipt.get()
    if len(ID) != 18:
        lb.config(text="输入的身份证号码位数不对，请重新输入。")
        ipt.delete(0,tkinter.END)
    else:
        weighted_sum = 0
        for i in range(17):
            weighted_sum += int(ID[i])*factor[i]
        remainder = weighted_sum % 11
        lastchar = ID[-1].upper()
        if lastchar == last[remainder]:
            result = '为合法身份证号码,\n'
            result += '出生日期为%s 年%s 月%s 日,\n' %(ID[6:10],ID[10:12],ID[12:14])

            if int(ID[-2])%2==0:
                result += '持卡人为女性。'
            else:
                result += '持卡人为男性。'
        else:
            result = '为非法身份证号码。'
        lb.config(text=result)


root = tkinter.Tk()
root.geometry("320x240")
root.title("身份证号码合法检测")

ipt = tkinter.Entry(root)

ipt.place(relx=0.1,rely=0.1,relwidth=0.8)
bt = tkinter.Button(root,text="校验",command=ID_detection)
bt.place(relx=0.8,rely=0.3)

lb = tkinter.Label(root,text="结果",justify = 'left')
lb.place(relx=0.2,rely=0.5)


root.mainloop()
```

运行以上代码，会打开“身份证号码合法检测”窗口，如图 2-8 所示。

在文本框中输入“53010219200508011”，单击“校验”按钮，检测结果如图 2-9 所示。

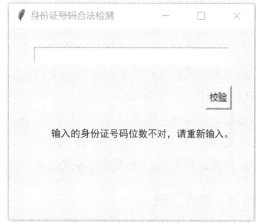

图 2-8　"身份证号码合法检测"窗口　　　　　　图 2-9　检测结果（1）

在文本框中输入"53010219200508011X"，单击"校验"按钮，检测结果如图 2-10 所示。单击右上角的"关闭"按钮，停止运行程序。

图 2-10　检测结果（2）

2.5　模拟三门问题

2.5.1　实验目的

（1）了解三门问题的内容和游戏规则。

（2）了解断言语句 assert 的使用方法。

（3）熟练运用 while 循环语句。

（4）熟练运用异常处理结构，防止用户非法输入。

2.5.2 实验内容

假设一位观众正在参加一个有奖游戏节目，要求其在三扇门中选择一扇门，其中一扇门后面是一辆汽车，其余两扇门后面则是山羊。这位观众选择了一扇门，假设是 1 号门；主持人知道门后面有什么，他首先会选择并开启另一扇后面有山羊的门，假设是 3 号门，然后问这位观众"想选择 2 号门吗？"，最后根据这位观众的选择确定最终要打开的门，从而确定他是获得山羊（输）还是获得汽车（赢）。

转换选择对观众来说是一种优势吗？ 编写程序，模拟上面的游戏。

2.5.3 实验原理

三门问题（Monty Hall Problem），又称为蒙提霍尔问题、蒙特霍问题或蒙提霍尔悖论，出自美国的电视游戏节目 *Let's Make a Deal*。问题名字来自该节目的主持人蒙提·霍尔（Monty Hall）。根据概率论中的全概率公式或贝叶斯公式，可以计算得出换门之前赢得汽车的概率是 1/3，换门之后赢得汽车的概率是 2/3。

2.5.4 参考代码

参考代码如下：

```python
import random


def monty_hall():
    # 获取本次游戏中每扇门的情况
    doors = [1,2,3]
    # 汽车随机放在某扇门后面
    car = random.choice(doors)
    # 获取玩家选择的门牌号
    while True:
        try:
            firstDoorNum = int(input('请选择一扇门打开:'))
            assert 1<= firstDoorNum <=3
            break
        except:
            print('门牌号必须是取值范围为{}~{}的数'.format(1, 3))

    # 主持人随机选择一扇有山羊的门
    host = [1,2,3]
    host.remove(firstDoorNum)        # 排除玩家选择的门
    if car in host:
        host.remove(car)             # 排除汽车所在的门
```

```
host_discard = random.choice(host)
print("山羊在{}号门后面".format(host_discard))

# 获取第三个门牌号，让玩家纠结
doors.remove(firstDoorNum)
doors.remove(host_discard)
thirdDoor = doors[0]

# 揭晓答案
change = input('是否换{}号门?(y/n)'.format(thirdDoor))
finalDoorNum = thirdDoor if change=='y' else firstDoorNum
if finalDoorNum == car:
    return "很遗憾，你错过了大奖！"
else:
    return "哇哦，你赢得了大奖！"


while True:
    print('='*30)
    print(monty_hall())
    r = input('你想再次尝试吗?(y/n)')
    if r == 'n':
        break
```

以上代码的运行结果如下：

```
==============================
请选择一扇门打开:1
山羊在 3 号门后面
是否换 2 号门?(y/n)y
很遗憾，你错过了大奖！
你想再次尝试吗?(y/n)y
==============================
请选择一扇门打开:2
山羊在 3 号门后面
是否换 1 号门?(y/n)y
很遗憾，你错过了大奖！
你想再次尝试吗?(y/n)y
==============================
请选择一扇门打开:3
山羊在 1 号门后面
是否换 2 号门?(y/n)y
哇哦，你赢得了大奖！
你想再次尝试吗?(y/n)y
```

```
==============================
请选择一扇门打开:4
门牌号必须是取值范围为1～3的数
请选择一扇门打开:2
山羊在 1 号门后面
是否换 3 号门?(y/n)y
很遗憾,你错过了大奖!
你想再次尝试吗?(y/n)y
==============================
请选择一扇门打开:3
山羊在 2 号门后面
是否换 1 号门?(y/n)n
哇哦,你赢得了大奖!
你想再次尝试吗?(y/n)n
```

2.6 统计英文文章中的单词及其频数

2.6.1 实验目的

（1）掌握英文文章中单词及其频数的统计方法。

（2）熟悉字典的定义和使用方法。

（3）了解字典的 get()方法。

（4）了解文件的打开和关闭操作，以及文件对象的 read()方法。

（5）掌握字符串的 replace()方法。

2.6.2 实验内容

编写程序，统计英文文章（以 hamlet.txt 文件中的英文文章为例）中的所有单词，以及它们在文章中出现的次数（频数），打印出现次数最多的前 20 个单词及其频数。

2.6.3 实验原理

英文文章由单词和标点符号构成，可以将其看作一个字符串，其中每个单词之间都用空格或标点符号隔开。统计英文文章中单词及其频数的步骤如下。

（1）打开要处理的英文文章文件，并且读取其中的内容。

（2）为了不区分大小写，对字符串进行大小写转换，统一其大小写格式，并且利用字符串的 replace()方法，将标点符号替换为空字符。

（3）利用字符串的 split()方法，将字符串按照空格划分，得到一个单词列表。

（4）创建一个字典，字典的键是单词，键对应的值为该单词在文章中出现的次数（频数）。

（5）将字典按照值的大小进行降序排序。

（6）打印出现次数最多的前 20 个单词及其频数。

2.6.4　参考代码

参考代码如下：

```python
import string

def getText(filename):
    '''
    参数 filename 为文章路径，本函数将英文文章中的单词统一转换为小写（或大写）格式，
    并且将文章中的标点符号替换为空字符。函数返回处理后的文本字符串。
    '''
    with open(filename,'r') as file:
        txt = file.read()
    txt = txt.lower()
    for ch in string.punctuation:
        txt = txt.replace(ch, "")
    return txt


# 指定要处理的英文文章文件，如果该文件和程序文件不在同一个目录下，则使用绝对路径
filename = "./inputfile/hamlet.txt"
# 调用 getText()函数，得到处理后的文本
hamletTxt = getText(filename)
# 按照空格对文本进行划分，得到单词列表
wordslist = hamletTxt.split()
# 创建字典：键为单词，值为相应单词在文章中出现的次数
counts = {}
for word in wordslist:
    counts[word] = counts.get(word,0) + 1


# 将字典按照值的大小进行降序排序
items = list(counts.items())
items.sort(key=lambda x:x[1], reverse=True)
# 打印排名前 20 的单词及其频数
for i in range(20):
    word, count = items[i]
    print("{0:<10}{1:>5}".format(word, count))
```

以上代码的运行结果如下：

```
the        1142
and         964
to          737
```

```
of         669
i          567
you        546
a          531
my         513
hamlet     463
in         436
it         416
that       389
is         340
not        313
lord       310
his        296
this       296
but        270
with       267
for        248
```

2.7 统计中文文章中的词语及其频数

2.7.1 实验目的

（1）掌握中文文章中词语及其频数的统计方法。

（2）了解中文分词第三方模块 jieba 的使用方法。

（3）了解如何去除文章中的停用词。

（4）掌握内置函数 sorted() 的使用方法。

2.7.2 实验内容

编写程序，统计中文文章（以党的二十大报告为例）中的所有词语，以及它们在文章中出现的次数（频数），打印出现次数最多的前 20 个词语及其频数。

2.7.3 实验原理

在中文文章中，词语之间没有空格，语法关系通过词语之间的顺序进行表达。要统计中文文章中的词语及其频数，需要先通过分词操作获得单个词语。本实验使用 jieba 模块进行分词操作。jieba 模块是一个优秀的中文分词第三方模块，需要额外安装（在 cmd 命令行中运行 pip install jieba 命令）。jieba 模块提供了以下 3 种分词模式。

- jieba.lcut(s)：精确模式，返回一个列表类型的分词结果。
- jieba.lcut(s,cut_all=True)：全模式，返回一个列表类型的分词结果，存在冗余。

- jieba.lcut_for_search(s)：搜索引擎模式，返回一个列表类型的分词结果，存在冗余。

在实践过程中，掌握其中一种模式即可。

统计中文文章中词语及其频数的步骤如下。

（1）打开要处理的中文文章文件，并且读取其中的内容。

（2）使用 jieba 模块中的 lcut()函数进行词语划分，得到一个词语列表。

（3）创建一个字典，字典的键为词语，键对应的值为该词语在文章中出现的次数（频数）。

（4）去除停用词，即去除文章中有效文本性质的代词、介词、助词等功能词。

（5）将字典按照值的大小进行降序排序。

（6）打印出现次数最多的前 20 个词语及其频数。

说明： 在本实验中，不统计长度为 1 个字符的词语。此外，可以将停用词存储于一个文件（如 stop.txt 文件）中，该文件中的内容可以自行修改。

2.7.4　参考代码

参考代码如下：

```
import jieba

# 读取内容
with open('./inputfile/党的二十大报告.txt','r',encoding='UTF-8') as f:
    speech_text = f.read()
# 全角的空白符
speech_text = speech_text.replace('\u3000',"")
speech_text = speech_text.replace('\n',"")
# 使用 jieba 模块中的 lcut()函数对 speech_text 进行词语划分，从而得到一个由中文词语构成的
列表
speech = jieba.lcut(speech_text)
# 创建字典
word_dict = {}
for word in speech:
    if len(word) > 1:
        word_dict[word] = word_dict.get(word,0) + 1


# 将标点符号写入 stop.txt 文件
with open('./inputfile/中文 stop.txt','r',encoding='UTF-8') as stop_f:
    stop_wds = stop_f.read().split('\n')

for word in stop_wds:
    try:
        del word_dict[word]
    except:
```

```
        continue

swd = sorted(word_dict.items(),key=lambda lst:lst[1],reverse=True)
# 将词语及其频数存储于 WordCount.txt 文件中
outputf = open("./inputfile/WordCount.txt","w",encoding='UTF-8')
for item in swd:
    print(str(item),file=outputf,end="\n")

# 打印出现次数最多的前 20 个词语及其频数
for i in range(20):
    word, count = swd[i]
    tplt = "{0:{2}<10}{1}"
    print(tplt.format(word, count,chr(12288)))
```

以上代码的运行结果如下：

发展	218
坚持	170
建设	150
人民	134
中国	123
社会主义	114
国家	109
体系	109
推进	107
全面	101
加强	92
现代化	85
制度	76
完善	73
安全	72
推动	61
时代	55
实现	55
政治	55
社会	53

2.8 政府工作报告词云

2.8.1 实验目的

（1）了解 wordcloud 模块。

（2）了解词云的字体、颜色和形状等参数的设置方法。

2.8.2　实验内容

编写程序，将政府工作报告的词频统计结果可视化，并且输出词云。

2.8.3　实验原理

wordcloud 模块是一个优秀的第三方词云展示模块，需要额外安装（在 cmd 命令行中运行 pip install wordcloud 命令）。词云以词语为基本单位，可以更加直观和艺术地展示文本。在根据文本中词语的频数等参数绘制词云时，还可以设置词云的形状、尺寸和颜色等参数。创建词云对象 w 的语句为 w = wordcloud.WordCloud()。常见的词云方法是 w.generate(txt)和 w.to_file(filename)，前者主要用于在词云对象 w 中加载文本 txt；后者主要用于将词云以名称为 filename 的图像文件输出，文件类型一般为.png 或.jpg 格式。

2.8.4　参考代码

词云演示的参考代码如下：

```
import jieba
from wordcloud import WordCloud
from imageio import imread

# 读取图像文件，设置最终呈现的词云形状
mask = imread("./inputfile/fivestar.jpg")
# 载入字体
font = './inputfile/FZSTK.TTF'
txt = "程序设计语言是计算机能够理解和识别用户操作意图的一种交互体系，\
它按照特定规则组织计算机指令，使计算机能够自动进行各种运算处理。"

w = WordCloud(
    width=500,
    font_path= font,
    height=500,
    background_color = "white",
    mask = mask)

# 对中文字符串进行词语划分，并且组成由空格连接的字符串
w.generate(" ".join(jieba.lcut(txt)))
w.to_file('show.png')
plt.imshow(w)
plt.show()
```

政府工作报告词云的参考代码如下：

```
import jieba
import wordcloud
```

```
from imageio import imread

mask = imread("./inputfile/fivestar.jpg")
font = 'FZSTK.TTF'
document = "./inputfile/党的二十大报告.txt"
file_stop = "./inputfile/中文stop.txt"

with open(document, "r", encoding="utf-8") as f:
    text = f.read()

lst = jieba.lcut(text)
txt = " ".join(lst)

with open(file_stop, 'r', encoding='UTF-8') as stop_f:
    stop_wds = stop_f.read().split('\n')

w = wordcloud.WordCloud(
    font_path = font,
    width = 1500,
    height = 1000,
    background_color = "white",
    stopwords = stop_wds,
    mask = mask
)
w.generate(txt)
w.to_file('report.png')
plt.imshow(w)
plt.show()
```

　　运行词云演示的参考代码，效果如图 2-11 所示，并且在代码所在的文件夹中，会出现一个名为"show.png"的图像文件。

图 2-11　词云演示效果

运行政府工作报告词云的参考代码，效果如图 2-12 所示，并且在代码所在的文件夹中会出现一个名为"report.png"的图像文件。

图 2-12　政府工作报告词云效果

2.9　《三国演义》中的人物出场统计

2.9.1　实验目的

（1）了解中文分词第三方模块 jieba 的使用方法。
（2）熟练使用 for 循环语句。
（3）掌握多分支条件语句。
（4）掌握列表的 sort()方法。

2.9.2　实验内容

编写程序，统计《三国演义》中出现次数最多的前 20 位人物，并且将结果输出。

2.9.3　实验原理

本实验主要对 2.7 节中的实验程序进行优化，用于统计《三国演义》中的人名。在优化过程中，排除不是人名的词语，如"将军""却说""二人""不可"等，不断重复该步骤，直到输出结果符合任务期望。此外，还要对有多个称谓的人名进行合并处理，如"关公""云长""关云长"都表示关羽。方便起见，可以将需要排除的词语放在一个名为"excludewords.txt"的文件中，该文件中的内容可以自行修改。

2.9.4 参考代码

参考代码如下：

```
import jieba


txt = open("./inputfile/threekingdoms.txt", "r", encoding="utf-8").read()
excludes_words = open("./inputfile/excludewords.txt","r",encoding="utf-8").read()
words = jieba.lcut(txt)
counts = {}
for word in words:
    if len(word) == 1:
        continue
    elif word == "诸葛亮" or word == "孔明曰" or word == "孔明笑" or word == "孔明之" or word == "孔明自":
        rword = "孔明"
    elif word == "关公" or word == "云长" or word == "关云长":
        rword = "关羽"
    elif word == "玄德" or word == "玄德曰" or word == "玄德问" or word == "刘玄德" or word == "玄德大" or word == "玄德自" or word == "玄德闻" or word == "皇叔" or word == "刘皇叔":
        rword = "刘备"
    elif word == "孟德" or word == "曹公" or word == "曹孟德":
        rword = "曹操"
    else:
        rword = word
    counts[rword] = counts.get(rword,0) + 1

excludes = excludes_words.split()
for word in excludes:
    del counts[word]

items = list(counts.items())
items.sort(key=lambda x:x[1], reverse=True)
for i in range(20):
    word, count = items[i]
    print("{0:{2}<10}\t{1:>5}".format(word, count,chr(12288)))
```

以上代码的运行结果如下：

刘备	1578
孔明	1485
曹操	994
关羽	820
张飞	358
吕布	300
赵云	278
孙权	264
司马懿	221
周瑜	217
袁绍	191
马超	185
魏延	180
黄忠	168
姜维	151
马岱	127
庞德	122
孟获	122
刘表	120
夏侯惇	116

2.10　简化版英文拼写检查程序

2.10.1　实验目的

（1）熟练掌握条件语句的使用方法。

（2）熟练掌握字符串的切片操作和索引操作。

（3）掌握循环语句的嵌套用法。

2.10.2　实验内容

编写 3 个函数，实现对一个句子（字符串）的拼写检查。这 3 个函数的功能分别如下。

- 第一个函数主要用于比较两个字符串是否匹配，然后根据条件返回相应的值。
- 第二个函数主要用于检查一个字符串是否能够在插入或删除一个字符的情况下和另一个字符串匹配。
- 第三个函数主要用于利用一个正确单词列表对一个句子（字符串）进行拼写检查，需要调用第一个函数和第二个函数。

2.10.3 实验原理

第一个函数名为"find_mismatch",接收两个字符串作为参数,返回值如下。

- 0:表示两个字符串完全匹配。
- 1:表示两个字符串有相同的长度,并且只有一个字符不匹配。
- 2:表示两个字符串长度不相同,或者有两个或更多个字符不匹配。

find_mismatch()函数的两个参数不区分大小写,也就是说,同一个字符的大写格式与小写格式被认为是匹配的。该函数的参数和返回值示例如表 2-1 所示。

表 2-1   find_mismatch()函数的参数和返回值示例

参数 1	参数 2	返回值
Python	Java	2
Hello There	helloothere	1
sin	sink	2
dog	Dog	0

第二个函数名为"single_insert_or_delete",接收两个字符串作为参数,返回值如下。

- 0:表示两个字符串完全匹配。
- 1:表示第一个字符串能够在插入或删除一个字符后,和第二个字符串完全匹配。需要注意的是,插入或删除一个字符与替换一个字符不同,这里不考虑替换。
- 2:表示其他情况。

single_insert_or_delete()函数的两个参数同样不区分大小写。该函数的参数和返回值示例如表 2-2 所示。

表 2-2   single_insert_or_delete()函数的参数和返回值示例

参数 1	参数 2	返回值
Python	Java	2
book	boot	2
sin	sink	1
dog	Dog	0
poke	spoke	1
poker	poke	1
programing	programming	1

第三个函数名为"spelling_corrector",接收两个参数,其中第一个参数为一个句子(字符串),第二个参数为正确单词列表。该函数会检查句子中的每个单词与拼写正确的单词列表中的单词是否匹配,并且返回一个字符串,检查规则如下。

(1)如果句子中的单词与正确单词列表中的某个单词完全匹配,那么句子中的单词应该按照原样输出。

（2）如果句子中的单词在替换、插入或删除一个字符后，与正确单词列表中的某个单词匹配，那么句子中的单词应该被正确单词列表中的正确单词替换。

（3）如果句子中的单词不满足上面两种情况，那么句子中的单词应该原样输出。

注意：

- 不对句子中只有 1 个或 2 个字符的单词进行检查，原样输出。
- 在有两种或更多种匹配情况时，使用正确单词列表中第一个匹配的单词。
- 不区分大小写。
- 当函数的返回值为字符串时，所有单词均使用小写格式输出。
- 假设句子中只包括 26 个大写英文字母和 26 个小写英文字母。
- 将句子中单词之间多余的空格去掉。
- 将函数返回的字符串中首尾多余的空格去掉。

spelling_corrector()函数的参数和返回值示例如表 2-3 所示。

表 2-3　spelling_corrector()函数的参数和返回值示例

参数 1	参数 2	返回值
Thes is the Firs cas	['that','first','case','car']	thes is the first case
programing is fan and eesy	['programming','this','fun','easy','book']	programming is fun and easy
Thes is vary essy	['this', 'is', 'very', 'very', 'easy']	this is very easy
Wee lpve Pythen	['we', 'Live', 'In', 'Python']	we live python

2.10.4　参考代码

第一个函数的参考代码如下：

```
# 第一个函数
def find_mismatch(s1, s2):
    if len(s1) != len(s2):
        return 2
    s1 = s1.lower()
    s2 = s2.lower()
    number_of_mismatches = 0
    for index in range(len(s1)):
        if s1[index] != s2[index]:
            number_of_mismatches += 1
            if number_of_mismatches > 1:
                return 2
    return number_of_mismatches
```

第二个函数的参考代码如下：

```
# 第二个函数
def single_insert_or_delete(s1,s2):
```

```
    s1 = s1.lower()
    s2 = s2.lower()
    if s1 == s2:                           # 两个字符串完全匹配
        return 0
    if abs(len(s1) - len(s2)) != 1:
        return 2
    if len(s1) > len(s2):                  # 对 s1 来说，只有在删除一个字符后才能与 s2 匹配
        for i in range(len(s2)):
            if s1[i] != s2[i]:
                if s1[i + 1:] == s2[i:]:
                    return 1               # s1 的第一个字符不在 s2 中
                else:
                    return 2
        return 1                           # s1 最后一个字符不在 s2 中
    else:                                  # 对于 s1，只有在插入一个字符后才能与 s2 匹配
        for k in range(len(s1)):
            if s1[k] != s2[k]:
                if s1[k:] == s2[k + 1:]:
                    return 1
                else:
                    return 2
        return 1                           # s2 最后一个字符不在 s1 中
```

第三个函数的参考代码如下：

```
# 第三个函数
def spelling_corrector(s1, correct_spelled):
    wordlist = s1.strip().split()       # 首先对句子进行单词划分
    outputString = ""
    for current_word in wordlist:
        # 将句子中不超过两个字符的单词或在正确单词列表中的单词原样输出
        if len(current_word) <= 2 or (current_word in correct_spelled):
            outputString = outputString + " " + current_word
            continue
        replacement_word = current_word
        for word in correct_spelled: # 不在正确单词列表中的单词
            # print("word in list is " + word)
            if min(find_mismatch(current_word, word),
                single_insert_or_delete(current_word, word)) == 1:
                replacement_word = word
                break
        outputString = outputString + " " + replacement_word
    return outputString.strip().lower()
```

运行以上 3 段代码，并且使用以下代码进行测试。

```
# 测试
print(spelling_corrector("Thes is the Firs cas",['that','first','case','car']))
print(spelling_corrector("programing is fan and eesy",['programming','this',
'fun','easy','book']))
print(spelling_corrector("Thes is vary essy", ['this','is','very','very','easy']))
print(spelling_corrector("Wee lpve Pythen",['we', 'Live', 'In', 'Python']))
```

运行结果如下：

```
thes is the first case
programming is fun and easy
this is very easy
we live python
```

需要注意的是，此处实现的简化版英文拼写检查程序只是一个练习，真实的英文拼写检查程序要复杂得多，并且需要更多的功能。

2.11　批量生成人员随机信息

2.11.1　实验目的

（1）熟悉标准模块 string 中的常量。

（2）熟练掌握文件的读/写操作。

（3）了解上下文管理语句 with 的使用方法。

（4）熟练使用标准模块 random 中的函数。

2.11.2　实验内容

编写程序，首先生成 N 个人的随机信息，包括姓名、性别、年龄、电话号码、家庭住址、电子邮件地址等；然后将生成的信息存储于文本文件中，每行存储一个人的信息；最后读取并输出该文本文件中的内容。

2.11.3　实验原理

本实验会使用函数生成每个人的姓名、性别、年龄、电话号码、家庭住址、电子邮件地址。其中，要生成姓名中的姓和名，需要使用存储常见姓氏的文本文件 full_surname.txt 和存储名字常用汉字的文本文件 stringbase.txt，读者可以根据需要自行扩展这两个文件中的内容。也可以不用这两个文件，直接使用常见汉字随机生成姓名中的姓和名。在生成电话号码时，前 3 位需要使用常见的网络识别号（读者可以自行扩展），也可以直接从 0~9 这 10 个数字中随机生成一个 11 位的电话号码。在生成家庭住址时，需要使用存储虚拟地址信息的文本文件 address.txt，读者可以根据需要自行扩展该文件。

2.11.4 参考代码

参考代码如下：

```
import random
import string

# full_surname.txt 文件中存储着常见的 127 个姓氏
with open('./inputfile/full_surname.txt','r', encoding='utf-8') as fp:
    surnames = fp.readlines()

# stringbase.txt 文件中存储着名字中常见的 381 个汉字，读者可以自行查看相关资料
with open('./inputfile/sringbase.txt',encoding='utf-8') as fp:
    StringBase = fp.read().split('、')

province_name = [
'黑龙江省',
'青海省',
'台湾省',
'陕西省',
'辽宁省',
'贵州省',
'福建省',
'甘肃省',
'湖南省',
'湖北省',
'海南省',
'浙江省',
'河南省',
'河北省',
'江西省',
'江苏省',
'广东省',
'山西省',
'山东省',
'安徽省',
'四川省',
'吉林省',
'云南省',
'新疆维吾尔自治区',
'广西壮族自治区',
'西藏自治区',
'宁夏回族自治区',
'内蒙古自治区',
```

```
'重庆市',
'北京市',
'上海市',
'天津市',
'香港特别行政区',
'澳门特别行政区'
]

def getEmail():
    # 常见域名后缀，可以随意扩展该列表
    suffix = ['.com', '.org', '.net', '.cn']
    characters = string.ascii_letters + string.digits + '_'
    username = ''.join((random.choice(characters) for i in range(random.randint
(6,12))))
    # 邮箱前缀包含 6~11 个字符
    domain = ''.join((random.choice(characters) for i in range(random.randint
(3,6))))
    # 邮箱后缀包含 3~5 个字符
    return username + '@' + domain + random.choice(suffix)


def getTelNo():
    '''
    获得电话号码。
    我国使用的手机号码为 11 位，其中各段有不同的编码方向。
    前 3 位：网络识别号。
    第 4~7 位：地区编码。
    第 8~11 位：用户号码。
    '''
    china_telecom = [133,149,153,173,177,180,181,189,199]
    china_unicom = [130,131,132,145,155,156,166,171,175,176,185,186]
    china_mobile=
[134,135,136,137,138,139,147,150,151,152,157,158,159,178,182,183,184,187,188,198]
    first_three = random.choice(china_telecom + china_unicom + china_mobile)
    last_eight = ''.join((str(random.randint(0,9)) for i in range(8)))
    return str(first_three)+last_eight

def getName():
    surname = random.choice(surnames)
    result = surname[0]
    # 除去姓氏，大部分中国人名字为 1~2 个汉字
    rangestart, rangeend = 1, 3
    # 生成并返回随机信息
```

```
        for i in range(random.randrange(rangestart, rangeend)):
            result += random.choice(StringBase)
        return result


def getAddress():
    random.shuffle(province_name)
    province_key = random.choice(province_name)
    with open('./inputfile/address.txt', 'r', encoding='utf-8') as fp:
        while True:
            line = fp.readline().strip()
            if not len(line):
                break
            line_list = line.split('\t')
            if province_key == line_list[0]:
                addresses = line_list[1].split(',')
                street = random.choice(addresses)
                address_detail = province_key + street
                return address_detail

def getSex():
    return random.choice(('男', '女'))


def getAge():
    return str(random.randint(18,99))    # 年龄为18~99岁


def main(filename,N):
    # 随机生成N个人的个人信息,
    # 并且将其存储于filename文件中
    with open(filename, 'w', encoding='utf-8') as fp:
        fp.write('姓名,性别,年龄,电话号码,地址,电子邮件地址\n')
        for i in range(N):
            name = getName()
            sex = getSex()
            age = getAge()
            tel = getTelNo()
            address = getAddress()
            email = getEmail()
            line = ','.join([name,sex,age,tel,address,email])+'\n'
            fp.write(line)
```

```
def output(filename):
    with open(filename, 'r', encoding='utf-8') as fp:
        for line in fp:
            print(line)


N = input("请输入要生成的信息的行数: ")
if __name__ == '__main__':
    filename = 'information.txt'
    main(filename,int(N))
    output(filename)
```

以上代码运行后的可能结果如下:

```
请输入要生成的信息的行数: 10
姓名,性别,年龄,电话号码,地址,电子邮件地址
汤纯,男,69,18285621259,贵州省黔南布依族苗族自治州都匀市大坪镇,8rTjOo6L@kLN0M.com
彭丽翔,女,42,17652804454,海南省海口市琼山区大坡镇,ag0bH0htH@FCfE8.net
许航雁,男,21,18655906732,湖北省武汉市江岸区二七街办事处,xjF50R@d4E.cn
易可,男,83,13979172852,云南省昆明市盘龙区金辰街道,oFX26_av@o4fHM.cn
苏璇乐,男,99,18725043837,吉林省长春市宽城区群英街道,zWG3ldFQ6@i_6pf.net
吕承,男,42,18743184415,湖北省武汉市江岸区四唯街办事处,OTmmOiCqs@EUFcxt.cn
严康蕾,男,83,13033834151,广东省广州市荔湾区沙面街道,JykGBYWz@Zcs.net
阎峰,男,60,15665491343,山东省济南市历下区文东街道,L33EvwYS@ILr9C.cn
傅世,男,79,15931242767,澳门特别行政区望德堂区文第士街 1 号,9uf1j1@OMx.org
程江,女,55,13400992661,北京市北京市东城区天坛街道,qWYhJUIPy@DM1.net
```

2.12　磁盘垃圾文件清理器

2.12.1　实验目的

（1）熟练运用标准模块 os 和 os.path 中的函数。

（2）理解递归遍历目录树的原理。

2.12.2　实验内容

编写程序，清理指定文件夹中扩展名符合要求的文件及大小为 0 的文件。

2.12.3　实验原理

对于普通文件，使用 os.path 模块中的 splitext()函数可以得到文件的扩展名。根据文件的扩展名确定文件类型，如果是指定的文件类型，则删除相应的文件。此外，还要删除大小为 0 的文件。如果指定文件夹中包含子文件夹，则需要递归地进行删除操作。

2.12.4　参考代码

参考代码如下：

```
import os

# 指定要删除的文件类型
filetypes = ['.tmp', '.aux', '.cls', '.txt', '.bbl']

def delete_files(directory):
    if not os.path.isdir(directory):
        return 0
    for filename in os.listdir(directory):
        temp = os.path.join(directory, filename)
        # 递归处理子文件夹
        if os.path.isdir(temp):
            delete_files(temp)
        elif os.path.splitext(temp)[1] in filetypes or os.path.getsize(temp)==0:
            # 删除指定类型的文件或大小为 0 的文件
            os.remove(temp)
            print(temp, ' deleted...')

directory = r"C:\Users\Lenovo\Desktop\test_clear"
delete_files(directory)
```

在运行以上代码前，指定文件夹 directory 中的文件如图 2-13 所示。

名称	类型	大小
abcd.aux	AUX 文件	4 KB
acrolock7900.3.3086214150.tmp	TMP 文件	1 KB
address	TXT 文件	32 KB
llncs.cls	CLS 文件	42 KB
mtpro2.sty	STY 文件	66 KB
new.bbl	BBL 文件	0 KB
new.synctex	SYNCTEX 文件	191 KB
object_detection.cpp	CPP 文件	20 KB
picins.sty	STY 文件	18 KB
puguo	JPG 图片文件	10 KB
rtyu.tex	TEX 文件	40 KB
titlepage	WPS PDF 文档	481 KB
tst.cls	CLS 文件	11 KB

图 2-13　指定文件夹 directory 中的文件（清理文件之前）

在运行以上代码的过程中，输出结果如下：

```
C:\Users\Lenovo\Desktop\test_clear\abcd.aux  deleted...
C:\Users\Lenovo\Desktop\test_clear\acrolock7900.3.3086214150.tmp  deleted...
```

```
C:\Users\Lenovo\Desktop\test_clear\address.txt  deleted...
C:\Users\Lenovo\Desktop\test_clear\llncs.cls  deleted...
C:\Users\Lenovo\Desktop\test_clear\new.bbl  deleted...
C:\Users\Lenovo\Desktop\test_clear\tst.cls  deleted...
```

在运行以上代码后，指定文件夹 directory 中的文件如图 2-14 所示。

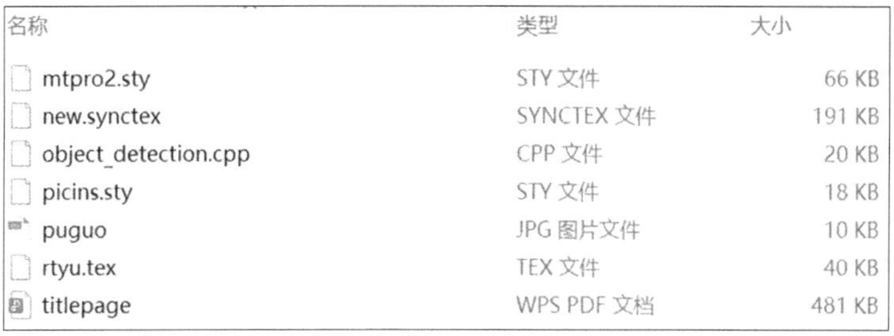

名称	类型	大小
mtpro2.sty	STY 文件	66 KB
new.synctex	SYNCTEX 文件	191 KB
object_detection.cpp	CPP 文件	20 KB
picins.sty	STY 文件	18 KB
puguo	JPG 图片文件	10 KB
rtyu.tex	TEX 文件	40 KB
titlepage	WPS PDF 文档	481 KB

图 2-14　指定文件夹 directory 中的文件（清理文件之后）

## 第 3 章

Python 基本图形的绘制

本章主要使用 Python 中的 turtle 模块设计绘图实验案例，内容涉及 turtle 模块的使用、turtle 绘图窗体的布局、turtle 方向控制函数等绘图元素。通过学习这些实验案例，读者能够深入理解 Python 的特点，掌握 Python 的基础知识。

3.1 太极图的绘制

3.1.1 实验目的

（1）了解 turtle 模块。

（2）掌握函数的定义和使用方法。

3.1.2 实验内容

编写程序，绘制一个简单的太极图，如图 3-1 所示。

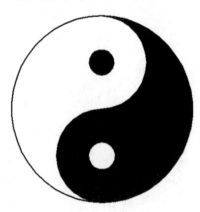

图 3-1 太极图

3.1.3 实验原理

turtle 模块是 Python 中的一个很流行的用于绘制图像的函数模块，主要用于绘制基础图形。想象在一个平面直角坐标系（画布）中，一个小海龟根据一组函数指令移动，利用其爬行的路径绘制图形。turtle 模块的画布空间相当于计算机屏幕。在画布的坐标系中，左上角是坐标原点（0，0），横坐标表示画布宽度，纵坐标表示画布高度，最小单位是像素。海龟一开始在画布的正中心，但在海龟的坐标系中，它当前的坐标是原点（(0，0)），向右是 x 轴正方向，向上是 y 轴正方向。画布的坐标系和海龟的坐标系都是绝对坐标系。

3.1.4　参考代码

参考代码如下：

```python
import turtle as t
import time


def yin(radius, color1, color2):
    # 设置画笔粗细
    t.width(3)
    # 设置画笔颜色和填充颜色
    t.color("black", color1)
    t.begin_fill()
    # 根据半径绘制指定角度的弧形
    t.circle(radius/2, 180)
    t.circle(radius, 180)
    # 左转180度
    t.left(180)
    t.circle(-radius/2, 180)
    t.end_fill()

    t.left(90)
    # 提起画笔，之后的运动不会绘制图形
    t.up()
    # 向前移动，此处的运动不会绘制图形
    t.forward(radius*0.35)
    t.right(90)
    # 放下画笔，之后的运动又能绘制图形了
    t.down()
    t.color(color1, color2)
    t.begin_fill()
    t.circle(radius*0.15)
    t.end_fill()

    t.left(90)
    t.up()
    t.backward(radius*0.35)
```

```
    t.down()
    t.left(90)


def main():
    t.reset()
    yin(200, "white", "black")
    yin(200, "black", "white")
    # 隐藏画笔
    t.ht()


main()
t.done()
```

运行以上代码，即可得到图 3-1 中的太极图。

3.2 蟒蛇的绘制

3.2.1 实验目的

（1）熟练掌握 for 循环语句的使用方法。
（2）了解 turtle 模块中常见函数的使用方法。

3.2.2 实验内容

编写程序，绘制一条蟒蛇。

3.2.3 实验原理

使用 turtle 模块中的 circle()函数绘制不同的弧形，从而形成一个蟒蛇图形。

3.2.4 参考代码

参考代码如下：

```
import turtle

# 设置窗体大小及位置，这条语句不是必需的
turtle.setup(650, 350, 200, 200)
# 抬起画笔，海龟飞行
turtle.penup()
# 参数值为正数，表示向前走；参数值为负数表示向后走。走直线
turtle.forward(-250)
```

```
# 落下画笔，海龟爬行
turtle.pendown()
# 设置画笔宽度或海龟腰围。turtle.pensize(width)与turtle.width(width)等价
turtle.pensize(25)
# 设置画笔颜色，参数为字符串、RGB 值或 RGB 元组
turtle.pencolor("purple")
turtle.seth(-40)        # 控制海龟面对的方向，参数为绝对角度。只改变方向，不行进
for i in range(4):
    turtle.circle(40, 80)
    turtle.circle(-40, 80)
turtle.circle(40, 80/2)
turtle.fd(40)
turtle.circle(16, 180)
turtle.fd(40 * 2/3)
turtle.done()
```

以上代码的运行结果如图 3-2 所示。可以在此程序的基础上举一反三，设置颜色列表，使蟒蛇每节的颜色都不同。

图 3-2　蟒蛇效果图（扫码见彩图）

3.3　风轮的绘制

3.3.1　实验目的

（1）熟练运用 for 循环语句。

（2）掌握 turtle 模块中常见函数的使用方法。

3.3.2　实验内容

编写程序，使用 turtle 模块中的函数绘制一个风轮图像，如图 3-3 所示。其中，风轮叶片的内角为 45 度，边长为 150 像素。

3.3.3　实验原理

图 3-3 中的风轮图像由 4 个相似的叶片构成，每个叶片都由 2 条直线和 1 条弧线构成。因此可以借助 for 循环语句

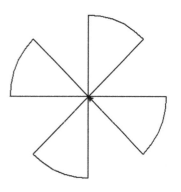

图 3-3　风轮图像

及 turtle 模块中的以下函数绘制。

- turtle.goto(x,y)函数：主要用于将海龟移动到坐标(x,y)处。
- turtle.seth(angle)函数：主要用于控制海龟面对的方向，只改变海龟的方向，不行进。其中，angle 为绝对角度。
- turtle.circle(r,extent=None)函数：主要用于根据半径 r 绘制 extent 角度的弧形。默认圆心在海龟左侧距离为 r 的位置。extent 为绘制角度，默认为 360 度。
- turtle.forward(x)函数，别名为 turtle.fd(x)：主要用于控制海龟向前行进 x 像素。如果 x 是负数，则表示后退。
- turtle.right(angle)函数/turtle.left(angle)函数：主要用于控制海龟向右/向左旋转 angle 角度。

3.3.4 参考代码

参考代码如下：

```
import turtle as t

t.pensize(2)
for i in range(4):
    t.seth(90*i)
    t.fd(150) # t.forward(150)
    t.right(90)
    t.circle(-150, 45)
    t.goto(0,0)
t.done()
```

运行以上代码，即可得到图 3-3 中的风轮图像。

3.4 科赫雪花的绘制

3.4.1 实验目的

（1）熟悉函数的定义和调用方法。
（2）掌握条件语句的使用方法。
（3）熟练应用异常处理结构。

3.4.2 实验内容

编写程序，绘制 *n* 阶的科赫雪花。

3.4.3 实验原理

科赫曲线是分形曲线的一种，又称为雪花曲线。给定一条线段 AB（0 阶科赫曲线），在此基础上绘制 n 阶科赫曲线的步骤如下。

（1）将线段 AB 分成三等份（AC、CD、DB）。

（2）以 CD 为底，向外（或向内）绘制一个等边三角形 CMD。

（3）将线段 CD 移除，生成 1 阶科赫曲线。

（4）分别对 AC、CM、MD、DB 重复步骤（1）～（3），生成 2 阶科赫曲线。

（5）以此类推，分割 n 次，即可得到 n 阶科赫曲线。

n 阶科赫雪花是由等边三角形的三边生成的 n 阶科赫曲线组成的。

3.4.4 参考代码

参考代码如下：

```python
import turtle


def koch(size, n):
    """等边三角形边长为size，本函数主要用于绘制n阶科赫雪花"""
    if n == 0:
        turtle.fd(size)
    else:
        for angle in [0, 60, -120, 60]:
            turtle.left(angle)
            koch(size/3, n-1)

def main(level):
    turtle.setup(600,600)
    turtle.penup()
    turtle.goto(-200, 100)
    turtle.pendown()
    turtle.pensize(2)
    koch(400,level)
    turtle.right(120)
    koch(400,level)
    turtle.right(120)
    koch(400,level)
    turtle.hideturtle()


try:
```

```
    level = eval(input("请输入科赫雪花的阶: "))
    main(level)
except:
    print("输入错误")

turtle.done()
```

运行以上代码，输入不同的值，会产生不同的科赫雪花。下面分别输入 0、1、2、3 作为科赫雪花的阶进行测试，结果如图 3-4 所示。

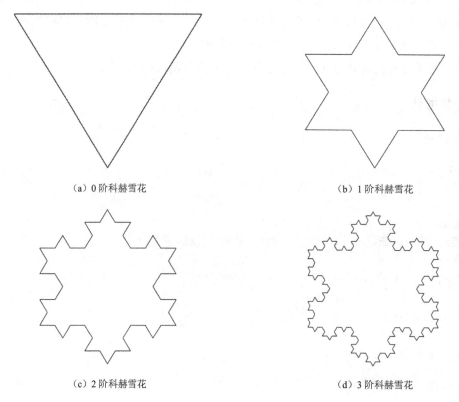

（a）0 阶科赫雪花　　　　　　　　　　　（b）1 阶科赫雪花

（c）2 阶科赫雪花　　　　　　　　　　　（d）3 阶科赫雪花

图 3-4　不同阶的科赫雪花

3.5　七段数码管的绘制

3.5.1　实验目的

（1）熟练掌握函数的定义和使用方法。

（2）熟悉 turtle 模块和 random 模块中常见的函数。

（3）熟练使用循环语句和条件语句。

3.5.2　实验内容

编写程序，获取当前的系统时间，绘制七段数码管，增加年、月、日标记，并且使用不同的颜色表示。

3.5.3　实验原理

七段数码管是基于发光二极管封装的显示器件，通过对其不同的管脚输入相应的电流，使其发亮，从而显示数字。因此，七段数码管可以用于显示时间、日期、温度等可以用数字表示的数据，在家电领域的应用极为广泛，如显示屏、空调、热水器、冰箱等。

图 3-5　数字 9 对应的七段数码管

显示当前系统时间（包括年、月、日标记）的思路如下。

（1）绘制单个数字对应的七段数码管，如数字 9 对应的七段数码管如图 3-5 所示。

（2）获取一串数字，绘制对应的七段数码管，示例如图 3-6 所示。

图 3-6　一串数字对应的七段数码管示例

（3）获取当前的系统时间，绘制对应的七段数码管，示例如图 3-7 所示。

图 3-7　当前系统时间对应的七段数码管示例

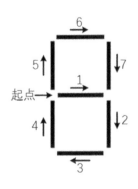

图 3-8　七段数码管中的基础线段和间隔

将七段数码管按固定顺序划分为 7 条基础线段，为了美观，增加了基础线段之间的间隔，如图 3-8 所示。通过绘制七段数码管中的基础线段，可以得到数字 0～9。例如，绘制基础线段 7 和 2，即可得到数字 1。利用七段数码管绘制数字 0～9，效果如图 3-9 所示。因此，可以将数码管间隔的绘制方法、单段数码管的绘制方法、单个数字的绘制方法、日期的绘制方法封装成不同的函数，然后将年、月、日和颜色标记添加进去，从而完成本实验任务。

图 3-9　利用七段数码管绘制数字 0~9

3.5.4　参考代码

参考代码如下:

```python
import turtle
import time

def drawGap():
    # 绘制数码管间隔
    turtle.penup()
    turtle.fd(5)

def drawLine(draw):
    # 绘制单段数码管，在每条线段的前面和后面都留点距离
    drawGap()
    turtle.pendown() if draw else turtle.penup()
    turtle.fd(40)
    drawGap()
    turtle.right(90)

def drawDigit(digit):
    # 绘制七段数码管
    drawLine(True) if digit in [2,3,4,5,6,8,9] else drawLine(False)    # 第1条线
    drawLine(True) if digit in [0,1,3,4,5,6,7,8,9] else drawLine(False) # 第2条线
    drawLine(True) if digit in [0,2,3,5,6,8,9] else drawLine(False)    # 第3条线
    drawLine(True) if digit in [0,2,6,8] else drawLine(False)         # 第4条线
    turtle.left(90)
    drawLine(True) if digit in [0,4,5,6,8,9] else drawLine(False)     # 第5条线
    drawLine(True) if digit in [0,2,3,5,6,7,8,9] else drawLine(False) # 第6条线
    drawLine(True) if digit in [0,1,2,3,4,7,8,9] else drawLine(False) # 第7条线
    turtle.left(180)
    # 为绘制后续数字确定位置
    turtle.penup()
    turtle.fd(20)

def drawDate(date):
    # date 为日期，格式为 '%Y-%m=%d+'
    turtle.pencolor("red")
    for i in date:
```

```
        if i == '-':
            turtle.write('年',font=("Arial", 18, "normal"))
            turtle.pencolor("green")
            turtle.fd(40)
        elif i == '=':
            turtle.write('月',font=("Arial", 18, "normal"))
            turtle.pencolor("blue")
            turtle.fd(40)
        elif i == '+':
            turtle.write('日',font=("Arial", 18, "normal"))
        else:
            drawDigit(eval(i))

def main():
    turtle.setup(800, 350, 200, 200)
    turtle.penup()
    turtle.fd(-300)
    turtle.pensize(5)
    drawDate(time.strftime("%Y-%m=%d+",time.gmtime()))
    turtle.hideturtle()
    turtle.done()

main()
```

运行以上代码，结果与图 3-7 中的效果类似，具体结果与运行时的系统时间有关。

第 4 章

文本游戏设计

本章会综合利用 Python 中的语法元素设计由简单到复杂的文字游戏。通过学习这些游戏案例，读者能够加深对 Python 基础知识、控制结构、序列结构及函数的理解，从而灵活应用 Python 解决实际问题。

4.1 猜数游戏

4.1.1 实验目的

（1）熟练运用选择语句和循环语句解决实际问题。

（2）理解使用异常处理语句约束用户输入的方法。

（3）理解带 else 子句的循环语句的处理流程。

（4）熟练掌握循环语句中 break 语句的使用方法。

4.1.2 实验内容

编写程序，模拟猜数游戏。

4.1.3 实验原理

系统随机生成一个取值范围为 a～b 的整数让用户猜测，程序会根据用户猜测的数给出提示信息，如"所猜的数过大""所猜的数过小""恭喜你猜对了"等。如果在规定的猜测次数内猜对了，则程序结束；如果在猜测次数用完后仍然没有猜对，则提示游戏结束并输出正确答案。

4.1.4 参考代码

参考代码如下：

```
import random
import math
```

```
min_value = 1
max_value = 100
max_times = int(math.log(max_value - min_value,2))
print("请猜取值范围为{}～{}的一个数, 你只有{}次机会!".format(min_value,max_value,
max_times))

hiddenNumber = random.randint(min_value, max_value)
userGuess = 0
guessNum = 0

while max_times > 0:
    try:
        userGuess = int(input("你猜的数是:"))
    except:
        print("请取值范围为输入{}～{}的一个数!".format(min_value,max_value))
    else:
        max_times -= 1
        guessNum += 1
        if userGuess > hiddenNumber:
            print("太大了!")
        elif userGuess < hiddenNumber:
            print("太小了")
        else:
            print("哇哦, 你用了" + str(guessNum) + "次就猜对了!")
            break
else:
    print("猜测次数用完了。")
    print("这个数是{}。".format(hiddenNumber))
```

运行以上代码, 输出结果取决于用户输入的数字。没有猜对的结果示例如下:

```
请猜取值范围为 1～100 的一个数, 你只有 6 次机会!
你猜的数是:50
太大了!
你猜的数是:25
太大了!
你猜的数是:13
太小了
你猜的数是:19
太大了!
你猜的数是:16
太大了!
你猜的数是:17
太大了!
```

猜测次数用完了。
这个数是 14。

再次运行程序，猜对的结果示例如下：

请猜取值范围为 1～100 的一个数，你只有 6 次机会！
你猜的数是：50
太小了
你猜的数是：75
太大了！
你猜的数是：63
太大了！
你猜的数是：gh
请输入取值范围为 1～100 的一个数！
你猜的数是：56
太大了！
你猜的数是：53
哇哦，你用了 5 次就猜对了！

4.2　tkinter 版猜数游戏

4.2.1　实验目的

（1）熟练使用 tkinter 模块创建窗体并设置窗体属性。
（2）了解如何为 tkinter 组件绑定事件。
（3）熟练使用标准模块 random 中的函数。
（4）熟悉 tkinter 模块中各类对话框的使用方法。

4.2.2　实验内容

使用 Python 标准模块 tkinter 编写图形版的猜数游戏。

4.2.3　实验原理

在 4.1 节中猜数游戏的基础上，利用 tkinter 模块添加图形界面。在猜数游戏启动后，先设置所猜整数的取值范围及允许猜测的总次数，再开始猜数游戏。在退出猜数游戏时，显示游戏次数及猜对次数。

4.2.4　参考代码

参考代码如下：

```
import random
import tkinter
from tkinter.messagebox import showerror, showinfo
from tkinter.simpledialog import askinteger

# 创建实例
root = tkinter.Tk()
# 设置窗口标题
root.title("猜数游戏")
# 设置窗口初始大小
width = 280
height = 80
# 获取屏幕尺寸,用于计算布局参数,使窗口位于屏幕中央
screenwidth = root.winfo_screenwidth()
screenheight = root.winfo_screenheight()
alignstr = "%dx%d+%d+%d" %(width,height,(screenwidth-width)/2,(screenheight-
height)/2)
root.geometry(alignstr)
# 设置窗口的宽度和高度是否可变,参数值为 True 或 1 表示可变,参数值为 False 或 0 表示不可变
root.resizable(0,0)

# 玩家猜的数
varNumber = tkinter.StringVar(root,value='0')
# 允许猜测的总次数
totalTimes = tkinter.IntVar(root,value=0)
# 已猜次数
already = tkinter.IntVar(root,value=0)
# 当前生成的随机数
currentNumber = tkinter.IntVar(root,value=0)
# 玩家玩游戏的次数
times = tkinter.IntVar(root,value=0)
# 玩家猜对的总次数
right = tkinter.IntVar(root,value=0)

lb = tkinter.Label(root,text="请输入你所猜测的整数:")
lb.place(x=6,y=10,width=160,height=20)

# 玩家猜数并输入文本框
entryNumber = tkinter.Entry(root,width=140,textvariable=varNumber)
entryNumber.place(x=170,y=10,width=90,height=20)
# 默认禁用,只有在猜数游戏启动后才允许输入
entryNumber['state'] = 'disabled'
```

```
# 按钮单击事件处理函数
def buttonClick():
    if button['text'] == '开始游戏':
        # 在猜数游戏启动后，允许玩家定义所猜整数的取值范围
        # 玩家必须输入正确的整数

        # 最小数值
        while True:
            try:
                start = askinteger('允许的取值范围下界','最小数（必须大于 0）',
initialvalue=1)
                if start != None:
                    assert start > 0
                    break
            except:
                pass
        # 最大数值
        while True:
            try:
                end = askinteger('允许的取值范围上界','最大数（必须大于 10）',
initialvalue=11)
                if end != None:
                    assert end > 10 and end > start
                    break
            except:
                pass

        # 在玩家定义的取值范围内生成要猜的随机数
        currentNumber.set(random.randint(start,end))

        # 玩家自定义允许猜测的总次数
        # 玩家必须输入正确的整数
        while True:
            try:
                t = askinteger('最多允许猜几次','总次数（必须大于 0）',initialvalue=3)
                if t != None:
                    assert t > 0
                    totalTimes.set(t)
                    break
            except:
                pass

        # 将已猜次数初始化为 0
```

```
    already.set(0)
    button['text'] = '剩余猜测次数:' + str(t)


    # 将文本框中的值初始化为 0
    varNumber.set('0')


    # 启用文本框，允许玩家输入整数
    entryNumber['state'] = 'normal'
    # 玩游戏的次数加 1
    times.set(times.get() + 1)
else:
    # 允许猜测的总次数
    total = totalTimes.get()
    # 本次游戏所猜的整数
    current = currentNumber.get()
    # 玩家本次猜的数
    try:
        x = int(varNumber.get())
    except:
        showerror("抱歉","必须输入整数")
        return
    # 猜对了
    if x == current:
        showinfo("恭喜","猜对了")
        button['text'] = '开始游戏'


        # 禁用文本框
        entryNumber['state'] = 'disabled'


        # 猜对的次数加 1
        right.set(right.get() + 1)
    else:
        # 本次游戏已猜次数加 1
        already.set(already.get() + 1)
        if x > current:
            showinfo('抱歉','猜的数太大了')
        else:
            showinfo('抱歉','猜的数太小了')
        # 可猜次数用完了
        if already.get() == total:
            showerror("抱歉","游戏结束了，正确的数是:" + str(currentNumber.get()))
            button['text'] = '开始游戏'
            # 禁用文本框
```

```
                entryNumber['state'] = 'disabled'
            else:
                button['text'] = '剩余猜测次数:' + str(total - already.get())

# 在窗口中创建按钮，并且设置按钮单击事件处理函数
button = tkinter.Button(root,text='开始游戏',bg="yellow",command = buttonClick)
button.place(x=10,y=40,width=250,height=20)

# 在关闭程序时提示战绩
def closeWindow():
    message = "共玩游戏{}次,猜对{}次!\n欢迎下次再玩!".format(times.get(),right.get())
    showinfo("战绩",message)
    root.destroy()

root.protocol('WM_DELETE_WINDOW',closeWindow)

# 启动消息主循环
root.mainloop()
```

运行以上代码，启动猜数游戏，打开"猜数游戏"窗口，此时"请输入你所猜测的整数:"文本框处于禁用状态，如图 4-1 所示。

单击"开始游戏"按钮，弹出"允许的取值范围下界"对话框，在"最小数（必须大于 0）"文本框中输入所猜整数的取值范围下界，此处输入"1"，如图 4-2 所示。

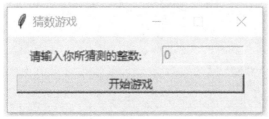
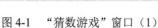

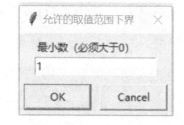

图 4-1　"猜数游戏"窗口（1）　　　　　图 4-2　"允许的数值范围下界"对话框

单击"OK"按钮，关闭"允许的取值范围下界"对话框，同时弹出"允许的取值范围上界"对话框，在"最大数（必须大于 10）"文本框中输入所猜整数的取值范围上界，此处输入"11"，如图 4-3 所示。

单击"OK"按钮，关闭"允许的取值范围上界"对话框，同时弹出"最多允许猜几次"对话框，在"总次数（必须大于 0）"文本框中输入允许猜测的总次数，此处输入"3"，如图 4-4 所示。

单击"OK"按钮，关闭"最多允许猜几次"对话框，返回"猜数游戏"窗口，此时，"请输入你所猜测的整数:"文本框转换为可用状态，如图 4-5 所示。

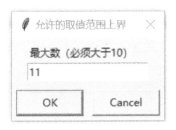

图 4-3　"允许的数值范围上界"对话框

图 4-4　"最多允许猜几次"对话框

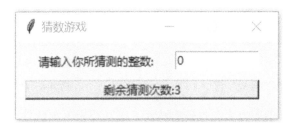

图 4-5　"猜数游戏"窗口（2）

在"请输入你所猜测的整数:"文本框中输入猜测的整数，单击"剩余猜测次数:3"按钮，系统会对玩家输入的整数与要猜的整数（系统随机生成的整数）进行对比，并且根据对比结果给出提示。如果在"请输入你所猜测的整数:"文本框中输入的整数比所猜整数大，则会弹出"抱歉"对话框，提示"猜的数太大了"，如图 4-6（a）所示；如果在"请输入你所猜测的整数:"文本框中输入的整数与所猜整数相等，则会弹出"恭喜"对话框，提示"猜对了"，如图 4-6（b）所示；如果在"请输入你所猜测的整数:"文本框中输入的整数比所猜整数小，则会弹出"抱歉"对话框，提示"猜的数太小了"，如图 4-6（c）所示。

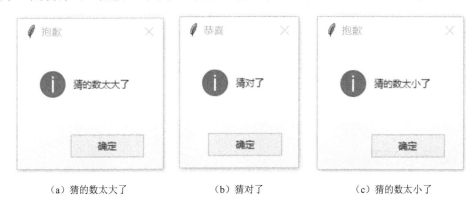

（a）猜的数太大了　　　　　　（b）猜对了　　　　　　（c）猜的数太小了

图 4-6　猜测结果提示信息

假设在"请输入你所猜测的整数:"文本框中输入猜测的整数 6，单击"剩余猜测次数:3"按钮，弹出图 4-6（a）中的"抱歉"对话框，表示玩家输入的整数比所猜整数大，单击"确定"按钮，关闭该对话框。此时，"猜数游戏"窗口发生变化，"剩余猜测次数:3"按钮变为"剩余猜测次数:2"按钮，如图 4-7 所示。

假设在"请输入你所猜测的整数:"文本框中输入猜测的整数 3，单击"剩余猜测次数:2"

按钮，弹出图 4-6（b）中的"恭喜"对话框，表示玩家输入的整数与所猜整数相等，单击"确定"按钮，关闭该对话框。此时，"猜数游戏"窗口发生变化，"请输入你所猜测的整数:"文本框被禁用，"剩余猜测次数:2"按钮变为"开始游戏"按钮，如图 4-8 所示。单击"开始游戏"按钮，可以开始新一轮的游戏。

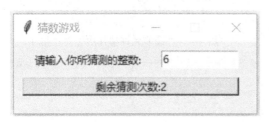

图 4-7　"猜数游戏"窗口（3）

图 4-8　"猜数游戏"窗口（4）

再玩一次游戏，如果次数用完也没有猜对，则会弹出"抱歉"对话框，提示游戏结束，并且给出正确的数，如图 4-9 所示。单击"确定"按钮，关闭该对话框，"猜数游戏"窗口变成类似于图 4-8 中的状态，单击"开始游戏"按钮，可以开始新一轮的游戏。

单击右上角的"关闭"按钮，则会弹出"战绩"对话框，显示玩家的游戏战绩，如图 4-10 所示。单击"确定"按钮，退出游戏，整个程序运行结束。

图 4-9　表示本轮游戏结束的"抱歉"对话框

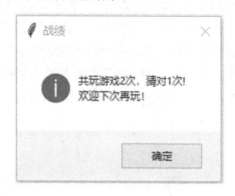

图 4-10　"战绩"对话框

4.3　汉诺塔游戏

4.3.1　实验目的

（1）掌握函数的定义和使用方法。

（2）熟练使用列表的 append()方法和 pop()方法。

（3）熟练使用字符串方法 upper()和 strip()。

（4）掌握字符串格式化方法。

4.3.2　实验内容

编写程序，制作汉诺塔游戏。

4.3.3　实验原理

在汉诺塔游戏中，有 3 根相邻的柱子，标号分别为 A、B、C。在 A 柱子上，从下到上按金字塔状叠放着 n 个大小不同的圆盘。现在需要将所有圆盘从 A 柱子上移动到 B 或 C 柱子上，规则如下。

（1）每次只能移动一个圆盘。

（2）每次只能移动塔顶的圆盘。

（3）3 根柱子上不允许出现大圆盘在小圆盘上面的情况。

将柱子和柱子上的圆盘用字典表示。字典中的键为 3 根柱子 A、B、C；值为存储相应柱子上圆盘大小的整数列表，该列表中的数值越大，表示圆盘越大。列表中的第一个元素表示相应柱子上底部的圆盘，第二个元素表示相应柱子上次底部的圆盘，以此类推。例如，当 $n=5$ 时，列表[5, 4, 3, 2, 1]表示相应柱子上的圆盘从下到上按照从大到小的顺序排列；空列表[]表示相应柱子上没有圆盘；列表[1, 3]表示一个大圆盘在一个小圆盘上面，这种情况是无效的，游戏中不允许出现；列表[3, 1]表示一个小圆盘在一个大圆盘上面，这种情况是有效的。排好序的列表类似于堆栈结构，给列表添加元素相当于入栈，从列表中移除元素相当于出栈。列表的末位元素类似于堆栈的栈顶元素。

4.3.4　参考代码

参考代码如下：

```python
import copy
import sys

# 要移动的圆盘越多，游戏越困难
TOTAL_DISKS = 3
# 在汉诺塔问题被解决后，圆盘的状态
# 最大的圆盘在底部，最小的圆盘在顶部
SOLVED_TOWER = list(range(TOTAL_DISKS, 0, -1))


def main():
    print("汉诺塔游戏开始...")
    towers = {"A": copy.copy(SOLVED_TOWER), "B": [], "C": []}

    while True:
        # 展示柱子和圆盘情况
```

```
        displayTowers(towers)

        # 询问玩家移动策略
        fromTower, toTower - getPlayerMove(towers)

        # 将圆盘从柱子 fromTower 上移动到柱子 toTower 上
        disk = towers[fromTower].pop()
        towers[toTower].append(disk)

        # 检查汉诺塔问题是否已被解决，也就是游戏是否结束
        if SOLVED_TOWER in (towers["B"], towers["C"]):
            displayTowers(towers)      # 展示柱子和圆盘情况
            print("真棒！你解决了汉诺塔问题。")
            sys.exit()


def getPlayerMove(towers):
    """询问玩家移动策略，本函数返回(fromTower, toTower)."""
    while True:
        # 直到玩家输入有效移动策略，循环结束
        print('输入移动圆盘的柱子起始标号和结束标号，或者输入“QUIT”退出。')
        print("(例如，AB 表示从柱子 A 上移动一个圆盘到柱子 B 上。)")
        print()
        response = input("> ").upper().strip()

        if response == 'QUIT':
            print("游戏结束！")
            sys.exit()

        # 确保玩家输入的是有效柱子标号
        # 只有 3 根柱子，标号分别为 A、B、C
        if response not in ("AB", "AC", "BA", "BC", "CA", "CB"):
            print("从 AB、AC、BA、BC、CA、CB 中选择一个输入")
            #再次询问玩家移动策略
            continue

        # 得到移动圆盘的柱子起始标号和结束标号
        fromTower, toTower = response[0], response[1]

        if len(towers[fromTower]) == 0:
            # 拿圆盘的柱子不能为空
            print("你选择了一个没有圆盘的柱子")
            continue
```

```
        elif len(towers[toTower]) == 0:
            # 所有圆盘都可以放到空柱子上
            return fromTower, toTower
        elif towers[fromTower][-1] > towers[toTower][-1]:
            print("不能将大圆盘放在小圆盘上面。")
            continue
        else:
            # 其他情况是有效移动，返回柱子标号
            return fromTower, toTower


def displayTowers(towers):
    """展示柱子和上面的圆盘"""
    # 对于一根柱子上的每个圆盘
    for level in range(TOTAL_DISKS, -1, -1):
        # 对于每根柱子
        for tower in (towers["A"], towers["B"], towers["C"]):
            if level >= len(tower):
                displayDisk(0)           #展示没有圆盘的柱子
            else:
                displayDisk(tower[level])
        print()
    emptySpace = " " * (TOTAL_DISKS)
    print("{0} A{0}{0} B{0}{0} C\n".format(emptySpace))


def displayDisk(width):
    """根据 width 的值展示柱子上的圆盘，如果 width 的值为 0，则表示柱子上没有圆盘"""
    emptySpace = " " * (TOTAL_DISKS - width)

    if width == 0:
        # 展示没有圆盘的柱子
        print(f"{emptySpace}||{emptySpace}", end="")
    else:
        disk = "#" * width
        numLabel = str(width).rjust(2, "_")
        print(f"{emptySpace}{disk}{numLabel}{disk}{emptySpace}", end="")


if __name__ == "__main__":
    main()
```

　　运行以上代码，具体的运行结果和玩家输入的移动策略有关，示例如下：

汉诺塔游戏开始...

```
   ||        ||        ||
  #_1#       ||        ||
 ##_2##      ||        ||
###_3###     ||        ||
    A         B         C
```

输入移动圆盘的柱子起始标号和结束标号，或者输入"QUIT"退出。
(例如，AB 表示从柱子 A 上移动一个圆盘到柱子 B 上。)

> AD
从 AB、AC、BA、BC、CA、CB 中选择一个输入
输入移动圆盘的柱子起始标号和结束标号，或者输入"QUIT"退出。
(例如，AB 表示从柱子 A 上移动一个圆盘到柱子 B 上。)

> AB
```
   ||        ||        ||
   ||        ||        ||
 ##_2##      ||        ||
###_3###   #_1#        ||
    A         B         C
```

输入移动圆盘的柱子起始标号和结束标号，或者输入"QUIT"退出。
(例如，AB 表示从柱子 A 上移动一个圆盘到柱子 B 上。)

> CA
你选择了一个没有圆盘的柱子
输入移动圆盘的柱子起始标号和结束标号，或者输入"QUIT"退出。
(例如，AB 表示从柱子 A 上移动一个圆盘到柱子 B 上。)

> AC
```
   ||        ||        ||
   ||        ||        ||
   ||        ||        ||
###_3###   #_1#     ##_2##
    A         B         C
```

输入移动圆盘的柱子起始标号和结束标号，或者输入"QUIT"退出。
(例如，AB 表示从柱子 A 上移动一个圆盘到柱子 B 上。)

> AB
不能将大圆盘放在小圆盘上面。
输入移动圆盘的柱子起始标号和结束标号，或者输入"QUIT"退出。
(例如，AB 表示从柱子 A 上移动一个圆盘到柱子 B 上。)

> BC

```
  ||      ||      ||
  ||      ||      ||
  ||      ||     #_1#
###_3###  ||    ##_2##
   A       B       C
```

输入移动圆盘的柱子起始标号和结束标号，或者输入"QUIT"退出。
（例如，AB 表示从柱子 A 上移动一个圆盘到柱子 B 上。）

```
> AB
  ||       ||      ||
  ||       ||      ||
  ||       ||     #_1#
  ||     ###_3###  ##_2##
   A        B       C
```

输入移动圆盘的柱子起始标号和结束标号，或者输入"QUIT"退出。
（例如，AB 表示从柱子 A 上移动一个圆盘到柱子 B 上。）

```
> CA
  ||        ||       ||
  ||        ||       ||
  ||        ||       ||
 #_1#    ###_3###  ##_2##
   A         B        C
```

输入移动圆盘的柱子起始标号和结束标号，或者输入"QUIT"退出。
（例如，AB 表示从柱子 A 上移动一个圆盘到柱子 B 上。）

```
> CB
  ||       ||       ||
  ||       ||       ||
  ||     ##_2##     ||
 #_1#   ###_3###    ||
   A        B        C
```

输入移动圆盘的柱子起始标号和结束标号，或者输入"QUIT"退出。
（例如，AB 表示从柱子 A 上移动一个圆盘到柱子 B 上。）

```
> AB
  ||       ||       ||
  ||      #_1#      ||
  ||     ##_2##     ||
  ||    ###_3###    ||
   A        B        C
```

真棒！你解决了汉诺塔问题。

　　如果玩家在玩游戏中途退出，那么程序的运行结果示例如下：

```
汉诺塔游戏开始...
   ||        ||        ||
  #_1#       ||        ||
 ##_2##      ||        ||
###_3###     ||        ||
    A        B        C
```

输入移动圆盘的柱子起始标号和结束标号，或者输入"QUIT"退出。
(例如，AB 表示从柱子 A 上移动一个圆盘到柱子 B 上。)

```
> AC
   ||        ||        ||
   ||        ||        ||
 ##_2##      ||        ||
###_3###     ||       #_1#
    A        B        C
```

输入移动圆盘的柱子起始标号和结束标号，或者输入"QUIT"退出。
(例如，AB 表示从柱子 A 上移动一个圆盘到柱子 B 上。)

```
> quit
游戏结束！
```

4.4　聪明版的反尼姆游戏

4.4.1　实验目的

（1）理解尼姆游戏的规则。
（2）熟练使用 while 循环语句。
（3）理解带 else 子句的循环语句的执行流程。
（4）掌握循环语句中 break 语句的使用方法。

4.4.2　实验内容

　　编写程序，制作聪明版的反尼姆游戏。

4.4.3　实验原理

尼姆游戏是博弈论中的经典模型，相关定义如下。

- 尼姆游戏：有若干堆数量随机的石头，两个人轮流从其中一堆中拿走任意数量的石头（不能不拿），拿走最后一块石头者获胜。
- 反尼姆游戏：有若干堆数量随机的石头，两个人轮流从其中一堆中拿走任意数量的石头（不能不拿），拿走最后一块者落败。

反尼姆游戏有很多变种玩法，有傻瓜模式和聪明模式（人机对战）。

- 傻瓜模式：两个玩家轮流从一堆物品中拿走一部分。在每一步中，玩家都可以自由选择拿走多少物品，但是必须至少拿走一个物品，最多拿走一半物品，然后轮到下一个玩家。拿走最后一个物品的玩家输掉游戏。
- 聪明模式：在傻瓜模式的基础上，计算机每次都会拿走足够多的物品，使剩余物品的数量是 2 的幂次方减 1 个，如 3、7、15、31、63 等；如果无法做到这一点，那么计算机会随机拿走一些。借助 while 循环，找到计算机每次拿走物品的数量的不同取法。

4.4.4　参考代码

参考代码如下：

```python
import math
import random


def stepNum(n):
    """ 本函数返回计算机每个回合从 n 个物品中拿走的物品数量"""
    half = n // 2
    m = 1
    # 所有可能的取法
    possible = []
    while True:
        rest = 2 ** m -1
        if rest >= n:
            break
        if rest >= half:              # 拿走1~half 个物品
            possible.append(n-rest)
        m += 1
    # 使剩余物品数量是 2 的幂次方减 1 个
    if possible:
        return random.choice(possible)
    # 如果无法使剩余物品的数量是 2 的幂次方减 1 个，则随机拿走一些
```

```
    return random.randint(1,int(half))


def SmartAntiNimGame(n):
    while n > 1:
        # 玩家先走
        print(f"玩家回合：")
        while True:
            try:
                num = int(input("请输入要拿走的物品数量："))
                assert 1 <= num <= n//2
                break
            except:
                print(f"每次只能取 1 到{n//2}个物品。")
                print("输入数据不符合游戏规则，请重新输入。")
        n -= num                        # 剩余物品数量
        print(f"玩家拿走{num}个，物品还剩{n}个。")
        if n == 1:
            print("游戏结束，玩家获胜。")
        computer_num = stepNum(n)
        n -= computer_num
        print(f"计算机回合：拿走{computer_num}个，物品还剩{n}个。\n")
    else:
        print("游戏结束，计算机获胜。")


print("欢迎来到反尼姆游戏！")
n = random.randint(1,100)
print(f"物品总数为{n}个。")
SmartAntiNimGame(n)
```

以上代码的运行结果示例如下：

```
欢迎来到反尼姆游戏！
物品总数为 68 个。
玩家回合：
请输入要拿走的物品个数：34
玩家拿走 34 个，物品还剩 34 个。
计算机回合：拿走 3 个，物品还剩 31 个。


玩家回合：
请输入要拿走的物品个数：16
每次只能取 1 到 15 个物品。
输入数据不符合游戏规则，请重新输入。
请输入要拿走的物品个数：15
玩家拿走 15 个，物品还剩 16 个。
```

计算机回合：拿走 1 个，物品还剩 15 个。

玩家回合：
请输入要拿走的物品个数：1
玩家拿走 1 个，物品还剩 14 个。
计算机回合：拿走 7 个，物品还剩 7 个。

玩家回合：
请输入要拿走的物品个数：3
玩家拿走 3 个，物品还剩 4 个。
计算机回合：拿走 1 个，物品还剩 3 个。

玩家回合：
请输入要拿走的物品个数：1
玩家拿走 1 个，物品还剩 2 个。
计算机回合：拿走 1 个，物品还剩 1 个。

游戏结束，计算机获胜。

4.5　猜单词游戏

4.5.1　实验目的

（1）熟练使用条件语句和循环语句。
（2）掌握字符串方法 split() 的使用方法。
（3）熟练使用成员运算符。
（4）掌握列表方法 remove() 的使用方法。
（5）熟悉 string 模块中的常量。

4.5.2　实验内容

编写程序，制作计算机和玩家交互的猜单词游戏 Hangman。

4.5.3　实验原理

在本实验中，猜单词游戏 Hangman 由计算机和玩家交互，计算机会从输入文件 words.txt 中随机选择一个单词让玩家猜，流程如下。
（1）在游戏开始前，让玩家知道计算机选择的单词长度，也就是该单词中有多少个字符。
（2）每一轮都让玩家猜一个字符。
（3）在玩家猜完之后，立刻给玩家反馈所猜的字符是否在单词中。

（4）在每一轮结束后，都要显示玩家当前所猜中的字符，并且将玩家还没有猜过的所有字符作为可用字符，显示在下一轮开始时。

游戏额外的规则如下。

- 玩家最多有 8 次猜测机会，可以将其设置为一个常量。假设玩家每次输入的都是 26 个英文字母中的一个字母。在每一轮结束后，都要提醒玩家还可以猜几次。
- 玩家在猜错字符后，会失去一次机会。
- 当玩家所猜字符与之前所猜字符相同时，不要减少玩家的猜测次数，应该输出消息，提醒玩家该字符已经猜过了，然后让玩家重新猜一次。
- 当玩家猜出单词或机会用完时，游戏结束。如果在游戏结束时，玩家没有猜出单词，则将单词显示给玩家。

本实验需要一个输入文件 words.txt。在代码正常运行后，屏幕中有以下输出结果：

```
Loading word list from file...
55909 words loaded.
```

如果有错误发生，如找不到 words.txt 文件，那么应该检查该文件是否和脚本文件在同一个文件夹中，或者检查文件名是否正确。例如，可以将 words.txt 文件的相对路径改为绝对路径：假设该文件位于目录"C:/Users/Ana/"下，那么将输入文件变量 WORDLIST_FILENAME = "words.txt"修改为 WORDLIST_FILENAME = "C:/Users/Ana/words.txt"。其中的目录取决于文件的实际存储位置。

4.5.4 参考代码

（1）编写一个函数 isWordGuessed(secretWord, lettersGuessed)，用于判断单词是否被猜中，参考代码如下：

```
def isWordGuessed(secretWord, lettersGuessed):
    '''
    参数说明如下。
        - secretWord：字符串。
        - lettersGuessed：字符列表。
    本函数返回一个布尔值。返回值说明如下。
        - True：secretWord 被正确猜到，也就是说，在 secretWord 中的所有字母都在
    lettersGuessed 中。
        - False：其他情况。
    假设参数中包含的所有字母都是小写字母。
    '''
    for ch in secretWord:
        if ch not in lettersGuessed:
            return False
    return True
```

（2）编写一个函数 getGuessedWord(secretWord, lettersGuessed)，用于打印要猜测的单词，参考代码如下：

```
def getGuessedWord(secretWord, lettersGuessed):
    '''本函数根据 lettersGuessed 列表中的字母是否在 secretWord 中，返回一个由字母和下画
线组成的字符串。
    参数说明如下。
      - secretWord: 字符串。
      - lettersGuessed: 字符列表。
    返回值说明如下。
      - 字符串：由字母和下画线组成。
    '''

    outstring = ""
    for ch in secretWord:
        if ch in lettersGuessed:
            outstring += ch
        else:
            outstring += '_ '
    return outstring
```

（3）编写一个函数 getAvailableLetters(lettersGuessed)，用于打印可用（还未猜过的）字母，参考代码如下：

```
def getAvailableLetters(lettersGuessed):
    '''
    参数说明如下。
      - lettersGuessed: 字符列表。
    返回值说明如下。
      - 字符串：按照字母顺序排序，由小写英文字母构成，不包含已经在 lettersGuessed 列表中
的字母。
    假设 lettersGuessed 列表中的所有字母都是小写字母。

    '''
    import string
    lowercase = list(string.ascii_lowercase)
    for ch in lettersGuessed:
        if ch in lowercase:
            lowercase.remove(ch)
    return ''.join(lowercase)
```

（4）编写主函数 hangman(secretWord)，参数 secretWord 表示用户要猜的单词。玩家每猜一个字母，都要将所猜的字母从可用字母列表中删除。如果所猜的字母不在可用字母列表中，则需要提醒玩家已经猜过这个字母了。主函数 hangman(secretWord)的参考代码如下：

```python
def hangman(secretWord):
    '''参数 secretWord 是一个字符串，表示要猜测的单词'''
    print("欢迎来到 Hangman 游戏!")
    # 输出单词 secretWord 的长度
    print("我选择了一个包含 " + str(len(secretWord)) + " 个字母的单词。")
    print("*"*13)

    MAX_GUESS = 8                    # 最大猜测次数
    mistakesMade = 0                 # 目前为止玩家猜错的次数
    lettersGuessed = []              # 目前为止玩家已经猜过的字母

    while True:
        print("你还剩 " + str(MAX_GUESS - mistakesMade) + " 次机会。")
        print("可用字母如下: " + getAvailableLetters(lettersGuessed))
        # 每一轮都让玩家猜测一个字母，并且立即给玩家反馈所猜字母是否在 secretWord 列表中
        guess = input('请猜一个字母: ')
        guess = guess.lower()        # 将玩家输入的字母转换为小写字母
        if guess in lettersGuessed:
            print('哎呀！你已经猜过那个字母了: ',end='')
        elif guess in secretWord:
            print("猜对了: ",end='')
            lettersGuessed.append(guess)
        else:
            print("哎呀!那个字母不在所猜单词中: ",end='')
            mistakesMade += 1
            lettersGuessed += guess
        # 在每一轮结束后，输出目前为止玩家猜对的字母
        print(getGuessedWord(secretWord, lettersGuessed))
        print("*"*13)

        if isWordGuessed(secretWord, lettersGuessed):
            print("恭喜，你赢了!")
            break
        elif mistakesMade == MAX_GUESS:
            print("非常抱歉，猜测次数已经用完了，所猜单词是: "+ secretWord)
            break
```

（5）调用以上所有函数，完成最终的猜单词游戏 Hangman，参考代码如下：

```python
import random

WORDLIST_FILENAME = "words.txt"  # 如果单词文件和程序不在同一个目录下，则使用绝对路径

def loadWords():
```

```
    """
    返回值：单词列表，每个单词都是由小写字母构成的字符串。
    函数运行时间和列表的大小有关。
    """
    print("从文件中加载单词列表...")
    with open(WORDLIST_FILENAME, 'r') as inFile:
        line = inFile.readline()
    wordlist = line.split()
    print("  加载了", len(wordlist), "个单词。")
    return wordlist

def chooseWord(wordlist):
    """
    参数说明如下。
      - wordlist：单词列表。
    返回值说明如下。
      - 从单词列表中随机返回一个单词。
    """
    return random.choice(wordlist)

# 加载函数，返回单词列表
wordlist = loadWords()

# 测试
secretWord = chooseWord(wordlist).lower()
hangman(secretWord)
```

运行以上代码，玩家赢了时的运行结果示例如下：

```
从文件中加载单词列表...
  加载了 55909 个单词。

欢迎来到 Hangman 游戏！
我选择了一个包含 7 个字母的单词。
*************
你还剩 8 次机会。
可用字母如下：abcdefghijklmnopqrstuvwxyz
请猜一个字母：e
哎呀！那个字母不在所猜单词中：_ _ _ _ _ _ _
*************
你还剩 7 次机会。
可用字母如下：abcdfghijklmnopqrstuvwxyz
请猜一个字母：t
哎呀！那个字母不在所猜单词中：_ _ _ _ _ _ _
```

```
*************
你还剩 6 次机会。
可用字母如下: abcdfghijklmnopqrsuvwxyz
请猜一个字母: i
哎呀!那个字母不在所猜单词中: _ _ _ _ _ _ _
*************
你还剩 5 次机会。
可用字母如下: abcdfghjklmnopqrsuvwxyz
请猜一个字母: o
猜对了: _ o_ _ _ _ o
*************
你还剩 5 次机会。
可用字母如下: abcdfghjklmnpqrsuvwxyz
请猜一个字母: a
猜对了: _ o_ _ a_ o
*************
你还剩 5 次机会。
可用字母如下: bcdfghjklmnpqrsuvwxyz
请猜一个字母: t
哎呀! 你已经猜过那个字母了: _ o_ _ a_ o
*************
你还剩 5 次机会。
可用字母如下: bcdfghjklmnpqrsuvwxyz
请猜一个字母: p
猜对了: po_ pa_ o
*************
你还剩 5 次机会。
可用字母如下: bcdfghjklmnqrsuvwxyz
请猜一个字母: t
哎呀! 你已经猜过那个字母了: po_ pa_ o
*************
你还剩 5 次机会。
可用字母如下: bcdfghjklmnqrsuvwxyz
请猜一个字母: m
猜对了: pompa_ o
*************
你还剩 5 次机会。
可用字母如下: bcdfghjklnqrsuvwxyz
请猜一个字母: u
哎呀!那个字母不在所猜单词中: pompa_ o
*************
你还剩 4 次机会。
可用字母如下: bcdfghjklnqrsvwxyz
```

```
请猜一个字母: x
哎呀!那个字母不在所猜单词中: pompa_ o
*************
你还剩 3 次机会。
可用字母如下: bcdfghjklnqrsvwyz
请猜一个字母: s
哎呀!那个字母不在所猜单词中: pompa_ o
*************
你还剩 2 次机会。
可用字母如下: bcdfghjklnqrvwyz
请猜一个字母: n
猜对了: pompano
*************
恭喜,你赢了!
```

玩家输了时的运行结果示例如下:

```
欢迎来到 Hangman 游戏!
我选择了一个包含 9 个字母的单词。
*************
你还剩 8 次机会。
可用字母如下: abcdefghijklmnopqrstuvwxyz
请猜一个字母: e
猜对了: _ e _ _ _ e_ _ _
*************
你还剩 8 次机会。
可用字母如下: abcdfghijklmnopqrstuvwxyz
请猜一个字母: t
哎呀!那个字母不在所猜单词中: _ e_ _ _ e_ _ _
*************
你还剩 7 次机会。
可用字母如下: abcdfghijklmnopqrsuvwxyz
请猜一个字母: a
哎呀!那个字母不在所猜单词中: _ e_ _ _ e_ _ _
*************
你还剩 6 次机会。
可用字母如下: bcdfghijklmnopqrsuvwxyz
请猜一个字母: o
哎呀!那个字母不在所猜单词中: _ e_ _ _ e_ _ _
*************
你还剩 5 次机会。
可用字母如下: bcdfghijklmnpqrsuvwxyz
请猜一个字母: i
猜对了: _ e_ _ ie_ _ _
```

```
* * * * * * * * * * * * *
```
你还剩 5 次机会。

可用字母如下：bcdfghjklmnpqrsuvwxyz

请猜一个字母：r

猜对了：_ e_ rie_ _ _
```
* * * * * * * * * * * * *
```
你还剩 5 次机会。

可用字母如下：bcdfghjklmnpqsuvwxyz

请猜一个字母：p

哎呀！那个字母不在所猜单词中：_ e_ rie_ _ _
```
* * * * * * * * * * * * *
```
你还剩 4 次机会。

可用字母如下：bcdfghjklmnqsuvwxyz

请猜一个字母：m

哎呀！那个字母不在所猜单词中：_ e_ rie_ _ _
```
* * * * * * * * * * * *
```
你还剩 3 次机会。

可用字母如下：bcdfghjklnqsuvwxyz

请猜一个字母：d

猜对了：_ e_ rie_ d_
```
* * * * * * * * * * * * *
```
你还剩 3 次机会。

可用字母如下：bcfghjklnqsuvwxyz

请猜一个字母：l

哎呀！那个字母不在所猜单词中：_ e_ rie_ d_
```
* * * * * * * * * * * * *
```
你还剩 2 次机会。

可用字母如下：bcfghjknqsuvwxyz

请猜一个字母：s

猜对了：_ e_ rie_ ds
```
* * * * * * * * * * * * *
```
你还剩 2 次机会。

可用字母如下：bcfghjknquvwxyz

请猜一个字母：w

哎呀！那个字母不在所猜单词中：_ e_ rie_ ds
```
* * * * * * * * * * * * *
```
你还剩 1 次机会。

可用字母如下：bcfghjknquvxyz

请猜一个字母：g

哎呀！那个字母不在所猜单词中：_ e_ rie_ ds
```
* * * * * * * * * * * * *
```
非常抱歉，猜测次数已经用完了，所猜单词是：befriends

4.6　井字棋游戏

4.6.1　实验目的

（1）掌握字符串的连接和输出操作。

（2）熟练掌握函数的定义和使用方法。

（3）熟悉列表的相关操作。

（4）掌握列表常见方法的使用方法。

（5）了解 random 模块中常见的函数。

4.6.2　实验内容

编写程序，制作计算机和玩家交互的井字棋游戏。

4.6.3　实验原理

井字棋又称为连三子棋或 OX 棋，是一种供两人玩的纸笔游戏。两个玩家轮流在 9 个空格中画上代表自己的 O 或 X，先将自己的符号连成一条线（横连、竖连、斜连皆可）的玩家获胜。在游戏过程中，如果所有空格都填满了，但双方都没有获胜，那么游戏以平局告终。井字棋游戏的棋盘类似于计算机键盘中的数字小键盘，如图 4-11 所示。本实验会将整个程序分为实现不同功能的多个函数，通过调用各个函数，实现井字棋游戏。

图 4-11　井字棋游戏的棋盘

4.6.4　参考代码

（1）编写一个函数 drawBoard(board)，用于打印棋盘，参考代码如下：

```
def drawBoard(board):
    """
    参数 board 是一个字符列表，代表棋盘，忽略下标为 0 处的字符。
    本函数主要用于打印棋盘，无返回值。
    """
    string1 = '   |   |'
    string2 = '-' * 11

    print(string1)
    print(' ' + board[7] + ' | ' + board[8] + ' | ' + board[9])
    print(string1)
```

```
    print(string2)

    print(string1)
    print(' ' + board[4] + ' | ' + board[5] + ' | ' + board[6])
    print(string1)

    print(string2)
    print(string1)
    print(' ' + board[1] + ' | ' + board[2] + ' | ' + board[3])
    print(string1)
```

（2）编写一个函数 inputPlayerLetter()，用于让玩家选取所用字母，参考代码如下：

```
def inputPlayerLetter():
    """让玩家从('X', 'O')中选择一个字母，用于下棋。本函数会返回由玩家所选字母和计算机所选
字母构成的元组。如果玩家输入的字母不是 'X' 或 'O'，就会一直让玩家输入，直到是这两个字母之
一为止。"""
    # 如果用户输入'X'，那么本函数会返回 ('X','O')，否则返回 ('O','X')
    letter = ''
    while letter not in ('X','O'):
        print('你想要执 X 还是 O?')
        letter = input().upper()

    if letter == 'X':
        return ('X','O')
    else:
        return ('O','X')
```

（3）编写一个函数 whoGoesFirst()，用于随机选择玩家和计算机谁先走第一步，参考代
码如下：

```
def whoGoesFirst():
    # 使用 random 模块中的 randint()函数从[0,1]中随机选择一个整数（0 或 1）
    # 如果随机选择的是 0，那么本函数会返回字符串 'computer'，否则返回字符串 'player'
    if random.randint(0,1) == 0:
        return 'computer'
    else:
        return 'player'
```

（4）编写一个函数 playAgain()，用于让玩家决定是否继续新游戏的函数，参考代码如下：

```
def playAgain():
    """如果玩家继续游戏，那么本函数会返回 True，否则返回 False"""
    print('你想要继续玩游戏吗?(yes or no)')
    # 用一行代码实现本函数的功能
    return input().lower().startswith('y')
```

（5）编写一个函数 makeMove(board,letter,move)，用于将玩家的棋子放入棋盘，参考代码如下：

```
def makeMove(board,letter,move):
    """将玩家的棋子放入棋盘"""
    board[move] = letter
```

（6）编写一个函数 isWinner(board,letter)，用于判断玩家是否赢了游戏，参考代码如下：

```
def isWinner(board,letter):
    """
    参数说明如下。
      - board：字符串列表，表示棋盘。
      - letter：字符串，表示玩家所用的字母。
    返回值说明如下。
      - True：玩家赢了。
      - False：玩家输了。
    """
    # 棋盘第一行
    line1 = board[7]==letter and board[8]==letter and board[9]==letter
    # 棋盘中间行
    line2 = board[4]==letter and board[5]==letter and board[6]==letter
    # 棋盘第三行
    line3 = board[1]==letter and board[2]==letter and board[3]==letter
    # 棋盘第一列
    column1 = board[1]==letter and board[4]==letter and board[7]==letter
    # 棋盘中间列
    column2 = board[2]==letter and board[5]==letter and board[8]==letter
    # 棋盘第三列
    column3 = board[3]==letter and board[6]==letter and board[9]==letter
    # 棋盘对角线
    diagonal1 = board[1]==letter and board[5]==letter and board[9]==letter
    diagonal2 = board[3]==letter and board[5]==letter and board[7]==letter
    return line1 or line2 or line3 or column1 or column2 or column3 or diagonal1
or diagonal2
```

（7）编写一个函数，用于判断落子地方是否为空，参考代码如下：

```
def isSpaceFree(board,move):
    """
    参数说明如下。
      - board：字符串列表，表示棋盘。
      - move：字符串，表示要落子的位置，取值范围为 1～9。
    返回值说明如下。
      - True：位置为空。
```

```
    - False：当前位置已落子。
    """
# 用一行代码实现本函数的功能
return board[move] == ' '
```

（8）编写一个函数，用于询问玩家落子位置，参考代码如下：

```
def getPlayerMove(board):
    """
    参数说明如下。
    - board：字符串列表。
    如果用户输入的不是取值范围为1～9的整数，或者要落子的位置在棋盘中不为空，就询问玩家要落
子的位置。
    返回值说明如下。
    - 一个整数，表示下一步要落子的位置。
    """
    move = ' '
    while move not in '1 2 3 4 5 6 7 8 9'.split() or not isSpaceFree(board,
int(move)):
        print('下一步落子位置是？(1-9)')
        move = input()
    return int(move)
```

（9）编写一个函数 chooseRandomMoveFromList(board,movesList)，用于返回有效的落
子位置，参考代码如下：

```
def chooseRandomMoveFromList(board,movesList):
    """
    参数说明如下。
    - board：字符串列表，表示棋盘。
    - movesList：整数列表，表示落子候选位置。
    返回值说明如下。
    - 一个整数，表示从 movesList 中随机选择的有效落子位置。
    - 如果没有有效落子位置，则返回 None。
    """

    possibleMoves = []
    # 对于 movesList 中的每一个位置，判断其在棋盘中是否为空
    # 如果为空，则将其添加到 possibleMoves 中
    for i in movesList:
        if isSpaceFree(board,i):
            possibleMoves.append(i)
    # 如果 possibleMoves 的长度不为 0，则随机从中选择一个位置返回，否则返回 None
    if len(possibleMoves) != 0:
        return random.choice(possibleMoves)
```

```
    else:
        return None
```

（10）编写一个函数，用于让计算机选择下一步落子的位置，参考代码如下：

```
def getComputerMove(board,computerLetter):
    """
    参数说明如下。
        - board: 字符串列表，表示棋盘。
        - computerLetter: 字符串，表示计算机下棋所用的字母。
    返回值说明如下。
        - 整数: 表示落子位置。
    """
    if computerLetter == 'X':
        playerLetter = 'O'
    else:
        playerLetter = 'X'

    # Tic Tac Toe 算法如下:
    # 首先，判断计算机下一步落子是否有赢的可能;
    # 对于所有（9个）落子位置，如果位置为空，则落子并判断落子是否能使计算机赢得游戏;
    # 如果能使计算机赢得游戏，则返回落子的位置。

    for i in range(1,10):
        copyboard = board.copy()
        if isSpaceFree(copyboard,i):
            makeMove(copyboard,computerLetter,i)
            if isWinner(copyboard,computerLetter):
                return i

    # 其次，判断玩家下一步落子是否有赢的可能并阻止;
    # 如果玩家下一步落子有赢的可能，则返回落子的位置
    for i in range(1,10):
        copyboard = board.copy()
        if isSpaceFree(copyboard,i):
            makeMove(copyboard,playerLetter,i)
            if isWinner(copyboard,playerLetter):
                return i

    # 如果角落位置为空，则尝试在这些位置落子
    move = chooseRandomMoveFromList(board,[1,3,7,9])
    if move != None:
        return move
    # 如果中间位置为空，则尝试在中间位置落子
```

```
    if isSpaceFree(board,5):
        return 5
    # 尝试在其他位置落子
    return chooseRandomMoveFromList(board,[2,4,6,8])
```

（11）编写一个函数 isBoardFull(board)，用于判断棋盘是否已满，参考代码如下：

```
def isBoardFull(board):
    """
    参数说明如下。
      - board：字符串列表，表示棋盘。
    返回值说明如下。
      - True：表示棋盘已满。
      - False：表示其他情况。
    """
    for i in range(1,10):
        if isSpaceFree(board,i):
            return False
    return True
```

（12）编写程序的主体部分，参考代码如下：

```
# 程序的主体部分
print('欢迎来到井字棋游戏!')
while True:
    # 初始化棋盘
    theBoard = [' '] * 10
    playerLetter, computerLetter = inputPlayerLetter()
    turn = whoGoesFirst()
    print(turn + ' 先走。')
    gameIsPlaying = True
    while gameIsPlaying:
        if turn == 'player':                    # 本次是玩家落子
            # 打印棋盘
            drawBoard(theBoard)
            # 获取玩家的落子位置
            move = getPlayerMove(theBoard)
            # 将玩家落子的位置加入棋盘
            makeMove(theBoard,playerLetter,move)
            if isWinner(theBoard,playerLetter):  # 如果玩家赢了
                # 打印棋盘
                drawBoard(theBoard)
                # 打印提示消息
                print("哇哦! 你赢了!")
                gameIsPlaying = False
```

```
        else:
            if isBoardFull(theBoard):              # 如果棋盘满了
                # 打印棋盘
                drawBoard(theBoard)
                # 打印提示消息
                print("平局!")
                # 结束循环
                break
            else:
                turn = 'computer'                  # 将变量turn的值设置为'computer'

    else:
        # 本次是计算机落子
        # 获取计算机的落子位置
        move = getComputerMove(theBoard,computerLetter)
        # 将计算机的落子位置加入棋盘
        makeMove(theBoard,computerLetter,move)
        if isWinner(theBoard,computerLetter):   # 如果计算机赢了
            # 打印棋盘
            drawBoard(theBoard)
            # 打印提示消息
            print("计算机打败了你，你输了。")
            # 将变量gameIsPlaying的值设置为 False
            gameIsPlaying = False
        else:
            if isBoardFull(theBoard):              # 如果棋盘满了
                # 打印棋盘
                drawBoard(theBoard)
                # 打印提示消息
                print("平局!")
                # 结束循环
                break
            else:
                # 将变量turn的值设置为player'
                turn = "player"
    if not playAgain():
        break
```

运行以上所有代码，运行结果示例如下：

```
欢迎来到井字棋游戏!
你想要执 X 还是 O?
```

```
X
computer 先走。
   |   |
   |   | O
   |   |
-----------
   |   |
   |   |
   |   |
-----------
   |   |
   |   |
   |   |
下一步落子位置是？(1-9)
3
   |   |
 O |   | O
   |   |
-----------
   |   |
   |   |
   |   |
-----------
   |   |
   |   | X
   |   |
下一步落子位置是？(1-9)
8
   |   |
 O | X | O
   |   |
-----------
   |   |
   |   |
   |   |
-----------
   |   |
 O |   | X
   |   |
下一步落子位置是？(1-9)
4
```

```
   |   |
 O | X | O
   |   |
-----------
   |   |
 X | O |
   |   |
-----------
   |   |
 O |   | X
   |   |
```
电脑打败了你，你输了。
你想要继续玩游戏吗?(yes or no)
y
你想要执 X 还是 O?
X
computer 先走。
```
   |   |
   |   | O
   |   |
-----------
   |   |
   |   |
   |   |
-----------
   |   |
   |   |
   |   |
```
下一步落子位置是？(1-9)
5
```
   |   |
   |   | O
   |   |
-----------
   |   |
   | X |
   |   |
-----------
   |   |
   |   | O
   |   |
```
下一步落子位置是？(1-9)
6

```
    |   |
    |   | O
    |   |
-----------
    |   |
  O | X | X
    |   |
-----------
    |   |
    |   | O
    |   |
```

下一步落子位置是？ (1-9)

2

```
    |   |
    | O | O
    |   |
-----------
    |   |
  O | X | X
    |   |
-----------
    |   |
    | X | O
    |   |
```

下一步落子位置是？ (1-9)

7

```
    |   |
  X | O | O
    |   |
-----------
    |   |
  O | X | X
    |   |
-----------
    |   |
  O | X | O
    |   |
```

平局!

你想要继续玩游戏吗?(yes or no)

n

第 5 章

古典密码

　　密码是一种用于混淆信息的技术，主要用于将正常的、可识别的信息转换为无法识别的信息。在密码领域中，将真正要传达的内容称为明文，将加密后得到的内容称为密文。古典密码学是密码学中的一个类型，现代密码学是由古典密码学衍生而来的。古典密码学主要使用置换和替换两种技术，置换是指改变明文中字母的排列方式，将其重组成密文；替换是指将明文中的字母替换成其他字母或符号。二者的本质区别在于是否改变了组成明文中的字母及其数量。

　　本章主要利用 Python 实现古典密码算法（除了 RSA 算法）的加密过程、解密过程，以及密文的破解过程，并且以案例的形式，讲解古典密码算法的基本工作原理、加密过程、解密过程、密文的破解过程，使读者深入理解 Python 的核心内容，掌握 Python 的基础知识，并且能够灵活地应用 Python 解决实际问题。

5.1 反向密码的加密过程和解密过程

5.1.1 实验目的

（1）掌握内置函数 len()的使用方法。
（2）熟练应用循环语句和条件语句。
（3）了解布尔数据类型。
（4）掌握比较运算符的使用方法。

5.1.2 实验内容

　　编写程序，实现反向密码的加密过程和解密过程。

5.1.3 实验原理

　　反向密码通过将原始信息（明文）逆序输出，得到加密后的信息（密文），如"Hello,world!"的反向密码为"!dlrow,olleH"。要解密或获取原始信息，只需反转加密后的信息。也就是说，反向密码的加密过程和解密过程相同。反向密码的优点是操作简单、易于理解，缺点是非常脆弱、易于破解。

5.1.4　参考代码

反向密码加密过程的参考代码如下：

```
# 使用 while 循环语句
message = input('输入要加密的明文：')
translated = ''
i = len(message) - 1
while i >= 0:
    translated += message[i]
    i = i - 1
print("密文:",translated)
```

以上代码的运行结果如下：

```
输入要加密的明文：Three can keep a secret, if two of them are dead.
密文：.daed era meht fo owt fi ,terces a peek nac eerhT
```

反向密码解密过程的参考代码如下：

```
# 使用 for 循环语句
message = input('输入密文：')
translated = ''

for i in range(len(message)-1,-1,-1):
    translated += message[i]
print("明文:",translated)
```

以上代码的运行结果如下：

```
输入密文：.daed era meht fo owt fi ,terces a peek nac eerhT
明文：Three can keep a secret, if two of them are dead.
```

5.2　凯撒密码的加密过程和解密过程

5.2.1　实验目的

（1）熟练运用 string 模块中的常量。

（2）理解凯撒密码的加密过程和解密过程。

（3）掌握字符串方法 find() 的使用方法。

（4）掌握成员测试运算符 in 和 not in 的使用方法。

5.2.2　实验内容

编写程序，实现凯撒密码的加密过程和解密过程。

5.2.3　实验原理

凯撒密码使用的是一种替换加密技术，明文字符串中的每个字母都在字母表上向后（或向前）按照一个固定数字 key（密钥）进行偏移，然后进行替换，得到的新字符串就是密文字符串。凯撒密码使用不同的密钥，可以对消息进行不同的加密。假设明文字符串是"abcde"，当 key=3 时，密文字符串是"defgh"；当 key=23 时，密文字符串是"xyzab"。如果替换字符集只考虑小写字母，那么密钥是取值范围为 0～25 的整数；如果采用复杂的替换字符集，那么密钥的最大值是替换字符集的长度减 1。对于解密过程，只要将密文字符串中的所有字母偏移负 key 位，然后进行替换，就会得到明文字符串。

5.2.4　参考代码

参考代码如下：

```python
# caesarCipher.py
"""
明文字符串中包含的字符可以从最简单的开始，如只考虑大写字母。
如果要复杂一点，除了大写字母、小写字母，还需要考虑数字、标点符号、空格等
"""
import string

# 将要替换的字符集放在变量 LETTERS 中
# 这里的明文字符集包括小写字母、大写字母、数字、标点符号和空格
LETTERS = string.ascii_lowercase + string.ascii_uppercase + string.digits +
string.punctuation + ' '

def caesar(message, encryption_key):
    """
    本函数主要依据凯撒密码的加密过程和解密过程，根据密钥 encryption_key，将字符串 message
加密并返回密文。
    """
    translated = ''
    for symbol in message:
        if symbol in LETTERS:
            # 找到当前字符在字符集中的位置
            num = LETTERS.find(symbol)
            # 将当前字符移动 encryption_key 位
            cipher_index = (num + encryption_key) % len(LETTERS)
            # 得到替换字符
```

```
            translated += LETTERS[cipher_index]
        else:
            # 不在字符集中的字符原样输出
            translated += symbol
return translated

# 测试
plain_message = "Explicit is better than implicit."
# key 的值不能超过 len(LETTERS)-1
key = 23
encoded_message = caesar(plain_message, key)
print("加密前的文本是: ", plain_message)
print("使用凯撒密码加密后的文本是: ", encoded_message)
print('*' * 20)
# 将密文和负的密钥传值给函数，即可实现解密操作
decoded_message = caesar(encoded_message, -key)
print("将加密文本解密后的结果是: ", decoded_message)
print("原字符串是否和解密后的字符串一致: ",plain_message1 == decoded_message)
```

以上代码的运行结果如下：

```
加密前的文本是: Explicit is better than implicit.
使用凯撒密码加密后的文本是: 1UMIFzFQwFPwyBQQBOwQExKwFJMIFzFQd
********************
将加密文本解密后的结果是: Explicit is better than implicit.
原字符串是否和解密后的字符串一致: True
```

5.3 自动测试程序

5.3.1 实验目的

（1）了解 random 模块中的 randint()函数和 shuffle()函数。

（2）掌握字符串方法 join()的使用方法。

（3）掌握生成随机长度字符串的方法。

5.3.2 实验内容

编写程序，自动测试凯撒密码的加密过程和解密过程（也可以是其他类似的过程）。

5.3.3 实验原理

使用不同的明文和密钥进行凯撒密码的加密操作和解密操作，如何确认凯撒密码的加密操作和解密操作能够正确执行，并且输出正确的结果？为了进行验证，我们需要不停地

尝试，然后查看运行结果，非常烦琐且枯燥。可以编写一个测试程序，随机产生一条明文和一个密钥，用于测试凯撒密码的加密过程和解密过程。这个测试程序首先要将明文使用凯撒密码加密，得到凯撒密码密文；然后将凯撒密码密文解密；最后对比解密后的信息与原来的明文信息，查看二者是否一致。这种使用一个程序自动测试另一个程序的过程称为自动化测试。如果所有测试都通过了，则表示被测试程序的代码有效性较高。

5.3.4　参考代码

参考代码如下：

```
import random
import sys
import caesarCipher
# 导入上一节中凯撒密码的加密和解密程序


def main(test_n,lower_a,upper_b):
    """
    test_n: 进行测试的次数。
    lower_a: 明文字符串长度是字符集长度的倍数的最小值。
    upper_b: 明文字符串长度是字符集长度的倍数的最大值。
    """
    for i in range(test_n):
        # 明文字符串的长度随机
        message = caesarCipher.LETTERS * random.randint(lower_a,upper_b)
        # 将明文字符串转换为列表
        message = list(message)
        # 将列表中的字母重新排序
        random.shuffle(message)
        # 将排序后的列表重新转换为字符串
        message = ''.join(message)
        #只输出明文字符串的前 50 个字符
        print("测试 #{}: '{}'".format((i+1),message[:50]))
        # 检查每个明文字符串的密钥
        for key in range(1,len(caesarCipher.LETTERS)):
            encrypted = caesarCipher.caesar(message,key)
            decrypted = caesarCipher.caesar(encrypted,-key)
            if message != decrypted:
                print("密钥{}和明文{}不匹配".format(key,message))
                print("解密后的文本是:",decrypted)
                break
    print("凯撒密码的加密和解密测试通过")
```

```
if __name__ == "__main__":
    main(25,4,40)
```

以上代码运行后的可能结果如下：

```
测试 #1:  '_^-i>gE*dRyn3W/UZIj(L>u&f#VJ+DTi1M+aEC1i"$:0@9"YTa'
测试 #2:  '$rCg2B<s]Xn!!yPNw)hvpJ+FZK1o!vC\B*-fYO,WTMElB&dPhK'
测试 #3:  '@{eJOVHruF"> Ip+O+UBU!A}#A`H~S\j\=*54FIgbg5c&wDVRC'
测试 #4:  'n[br!%&^=]6T+s032:`pOWFq>&_;]gTosts^knXjk%vx@i;72P'
测试 #5:  'I/:nd_vcAegJz7-U7TBTv2>qUq`$eWCBMh5)yvqOgoP!3YX>lZ'
测试 #6:  'f.>)3\tc9$?v'"l3IWW>`g1-ft86@y6@IUcAhpS):Y.^:{+E p'
测试 #7:  ',wM#,IeIHfzH[t_NHyR8rs3`R}9_~:/19Dj`B*X-D}<@Yj{4Fu'
测试 #8:  'e*^f6pX/Iq?b`Wpap:gr341p-`HTH TTA]?Z{G(b.~|9rDsP[V'
测试 #9:  'Z:(#,?T3Vq/s]6m)56DJq\2uM R8Q81-Lqp9e;cp(D,swclf[g'
测试 #10: 'czXEEKzi<}}_:~Pkm7jE[%0$;.tTdfr}Kf:^q'KesGEk?dcWCS'
测试 #11: '+-oE] V0[)Xm&'thC=m]7\;XD>k&OY@L{k0*Sax;Q%p~"<Gk-6'
测试 #12: '5hQ&OqzF;c6v^p^:b<J$Q?B$=6vGZJtK(ZusI%swH#ALZ.PZ !'
测试 #13: '>eCP($oBs[I:OYj5gs)B#by^`{7dk'K2K*W~9F*ua0@ZAZ!"_='
测试 #14: 'yxAw"5A|fM,cN;-:j5G'pr>_RuUD:EiCH.ZWq56#;U/fw2]n ]'
测试 #15: 'EvM`r@RVh9~GsLAI?T,-e.L\*O-hEaMwTVIg\&FM6NTDlXj3|6'
测试 #16: ',3GAa~z]FzE36`T[=+rIqXF\#ne\eJ,CY~c{UEEESTOF}D jpO'
测试 #17: '*v\1cX`\` 8LB+}1tD&taDvWsX}K+Hl1V&,eK7kWP3K:H~cFAL'
测试 #18: 'VRQ,lAI&zdpO]VMOsoq$Bg~f_lldTb[v8S>`_p]F&(i@P48ORh'
测试 #19: ',kbd1niS=k_@apoiq9^9=Q]EZA~u8nC5PAS]\kh=JF{<TwY:0{'
测试 #20: 'FIn%<xQ@b Ob,|-52|8"1TvT)jh<WxF$Q,Ieax#qS6pA q 7tw'
测试 #21: '!c>H2arS~2&paNz3XLu49[A#g1A5S!-P%"-CS^jgGVq[E7zPr0'
测试 #22: 'iMq|'I36CN@SLE1.X~K ,z3KRu\@(>C,mftA"TI?b/R`g#ocpB'
测试 #23: '#e+305c~TUgo;Y@yW(b^/qIG_^EuIO'r_><V@uOmh kPgd9B&)'
测试 #24: 'j7mgvB%fra|zwvD@\Zv8?$,7(9P19aB:C$E~]i Q>8;O@=:3=x'
测试 #25: '6/'*9=Q0)/5gU5 $*uP]OYCio@I;x.8;KQcU"m#?Bj"We`SFn3'
凯撒密码的加密和解密测试通过
```

5.4 凯撒密码密文的暴力破解

5.4.1 实验目的

（1）掌握暴力破解技术的基本思想。

（2）熟练掌握 range() 函数的使用方法。

（3）掌握字符串的格式化方法。

5.4.2 实验内容

编写程序，实现凯撒密码密文的暴力破解。

5.4.3　实验原理

人们通常使用一种名为暴力（Brute Force）的密码分析技术破解凯撒密码密文。暴力破解技术会尝试所有可能的解密密钥，使用每个可能的密钥解密密文，查看输出的是否为明文，如果没有找到明文，就使用下一个密钥。因为使用暴力破解技术破解凯撒密码密文非常有效，所以在实际生活和工作中，不建议使用凯撒密码加密信息。

在理想情况下，密文永远不会落入任何人的手中。但是柯克霍夫原则指出，即使密码系统的所有细节都已为人悉知，只要密钥未泄露，它就还是安全的。在密码技术中，保持信息机密的部分是密钥，但凯撒密码的密钥非常容易找到。

5.4.4　参考代码

参考代码如下：

```python
import string
import time

LETTERS = string.ascii_lowercase + string.ascii_uppercase + string.digits +
string.punctuation + ' '
# len(LETTERS)=95

def hacking_caesar(ciphertext):
   for key in range(len(LETTERS)):
      message = ""
      # 对于密文中的每个字符
      for symbol in ciphertext:
         if symbol in LETTERS:
            # 查找密文字符在字符集中的位置
            sindex = LETTERS.find(symbol)
            # 向前移动 key 位
            mindex = (sindex - key) % len(LETTERS)
            # 解密后的字符
            message += LETTERS[mindex]
         else:
            message += symbol
      print("使用密钥 {} 破解得到的字符串是:\t {}".format(key, message))

ciphertext = "1UMIFzFQwFPwyBQQBOwQExKwFJMIFzFQd"
start_time = time.time()
hacking_caesar(ciphertext)
print("共用时:{}秒".format(time.time() - start_time))
```

以上代码的运行结果如下：

```
使用密钥 0  破解得到的字符串是：  1UMIFzFQwFPwyBQQBOwQExKwFJMIFzFQd
使用密钥 1  破解得到的字符串是：  0TLHEyEPvEOvxAPPANvPDwJvEILHEyEPc
使用密钥 2  破解得到的字符串是：  ZSKGDxDOuDNuwzOOzMuOCvIuDHKGDxDOb
使用密钥 3  破解得到的字符串是：  YRJFCwCNtCMtvyNNyLtNBuHtCGJFCwCNa
使用密钥 4  破解得到的字符串是：  XQIEBvBMsBLsuxMMxKsMAtGsBFIEBvBM
使用密钥 5  破解得到的字符串是：  WPHDAuALrAKrtwLLwJrLzsFrAEHDAuAL~
使用密钥 6  破解得到的字符串是：  VOGCztzKqzJqsvKKvIqKyrEqzDGCztzK}
使用密钥 7  破解得到的字符串是：  UNFBysyJpyIpruJJuHpJxqDpyCFBysyJ|
使用密钥 8  破解得到的字符串是：  TMEAxrxIoxHoqtIItGoIwpCoxBEAxrxI{
使用密钥 9  破解得到的字符串是：  SLDzwqwHnwGnpsHHsFnHvoBnwADzwqwH`
使用密钥 10 破解得到的字符串是：  RKCyvpvGmvFmorGGrEmGunAmvzCyvpvG_
使用密钥 11 破解得到的字符串是：  QJBxuouFluElnqFFqDlFtmzluyBxuouF^
使用密钥 12 破解得到的字符串是：  PIAwtntEktDkmpEEpCkEslyktxAwtntE]
使用密钥 13 破解得到的字符串是：  OHzvsmsDjsCjloDDoBjDrkxjswzvsmsD\
使用密钥 14 破解得到的字符串是：  NGyurlrCirBiknCCnAiCqjwirvyurlrC[
使用密钥 15 破解得到的字符串是：  MFxtqkqBhqAhjmBBmzhBpivhquxtqkqB@
使用密钥 16 破解得到的字符串是：  LEwspjpAgpzgilAAlygAohugptwspjpA?
使用密钥 17 破解得到的字符串是：  KDvroiozfoyfhkzzkxfzngtfosvroioz>
使用密钥 18 破解得到的字符串是：  JCuqnhnyenxegjyyjweymfsenruqnhny=
使用密钥 19 破解得到的字符串是：  IBtpmgmxdmwdfixxivdxlerdmqtpmgmx<
使用密钥 20 破解得到的字符串是：  HAsolflwclvcehwwhucwkdqclpsolflw;
使用密钥 21 破解得到的字符串是：  Gzrnkekvbkubdgvvgtbvjcpbkornkekv:
使用密钥 22 破解得到的字符串是：  Fyqmjdjuajtacfuufsauiboajnqmjdju/
使用密钥 23 破解得到的字符串是：  Explicit is better than implicit.
使用密钥 24 破解得到的字符串是：  Dwokhbhs~hr~adssdq~sg m~hlokhbhs-
使用密钥 25 破解得到的字符串是：  Cvnjgagr}gq} crrcp}rf~l}gknjgagr,
使用密钥 26 破解得到的字符串是：  Bumif fq|fp| ~bqqbo|qe}k|fjmif fq+
使用密钥 27 破解得到的字符串是：  Atlhe~ep{eo{}appan{pd|j{eilhe~ep*
使用密钥 28 破解得到的字符串是：  zskgd}do`dn`| oo m`oc{i`dhkgd}do)
使用密钥 29 破解得到的字符串是：  yrjfc|cn_cm_{~nn~l_nb`h_cgjfc|cn(
使用密钥 30 破解得到的字符串是：  xqieb{bm^bl^`}mm}k^ma_g^bfieb{bm'
使用密钥 31 破解得到的字符串是：  wphda`al]ak]_|ll|j]l ^f]aehda`al&
使用密钥 32 破解得到的字符串是：  vogc _ k\ j\^{kk{i\k~]e\ dgc _ k%
使用密钥 33 破解得到的字符串是：  unfb~^~j[~i[]`jj`h[j]\d[~cfb~^~j$
使用密钥 34 破解得到的字符串是：  tmea]]i@}h@\_ii_g@i|[c@}bea]]i#
使用密钥 35 破解得到的字符串是：  sld |\|h?|g?[^hh^f?h{@b?|ad |\|h"
使用密钥 36 破解得到的字符串是：  rkc~{[{g>{f>@]gg]e>g`?a>{ c~{[{g!
使用密钥 37 破解得到的字符串是：  qjb}`@`f=`e=?\ff\d=f_> =`~b}`@`f9
使用密钥 38 破解得到的字符串是：  pia|_?_e<_d<>[ee[c<e^=~<_}a|_?_e8
使用密钥 39 破解得到的字符串是：  oh {^>^d;^c;=@dd@b;d]<};^| {^>^d7
```

使用密钥 40 破解得到的字符串是： ng~`]=]c:]b:<?cc?a:c\;|:]{~`]=]c6

使用密钥 41 破解得到的字符串是： mf}_\<\b/\a/;>bb> /b[:{/\`}_\<\b5

使用密钥 42 破解得到的字符串是： le|^[;[a.[.:=aa=~.a@/`.[_|^[;[a4

使用密钥 43 破解得到的字符串是： kd{]@:@ -@~-/< <}- ?._-@^{]@:@ 3

使用密钥 44 破解得到的字符串是： jc`\?/?~,?},.;~~;|,~>-^,?]`\?/?~2

使用密钥 45 破解得到的字符串是： ib_[>.>}+>|+-:}}:{+}=,]+>_[>.>}1

使用密钥 46 破解得到的字符串是： ha^@=-=|*={*,/||/`*|<+*=[^@=-=|0

使用密钥 47 破解得到的字符串是： g]?<,<{)<`}+.{{._){;*[)<@]?<,<{Z

使用密钥 48 破解得到的字符串是： f~\>;+;`(;_(*-``-^(`:)@(;?\>;+;`Y

使用密钥 49 破解得到的字符串是： e}[=:*:_':^'),__,]'_/(?':>[=:*:_X

使用密钥 50 破解得到的字符串是： d|@</)/^&/]&(+^^+\&^.'>&/=@</)/^W

使用密钥 51 破解得到的字符串是： c{?;.(.]%.\%'*]]*[%]-&=%.<?;.(.]V

使用密钥 52 破解得到的字符串是： b`>:-'-\$-[$&)\\)@$\,%<$-;>:-'-\U

使用密钥 53 破解得到的字符串是： a_=/,&,[#,@#%([[(?#[+$;#,:=/,&,[T

使用密钥 54 破解得到的字符串是： ^<.+%+@"+?"$'@@'>"@*#:"+/<.+%+@S

使用密钥 55 破解得到的字符串是： ~];-*$*?!*>!#&??&=!?)"/!*.;-*$*?R

使用密钥 56 破解得到的字符串是： }\:,)#)>9)=9"%>>%<9>(!.9)-:,)#)>Q

使用密钥 57 破解得到的字符串是： |[/+("(=8(<8!$==$;8='9-8(,/+("(=P

使用密钥 58 破解得到的字符串是： {@.*'!'<7';79#<<#:7<&8,7'+.*'!'<O

使用密钥 59 破解得到的字符串是： `?-)&9&;6&:68";;"/6;%7+6&*-)&9&;N

使用密钥 60 破解得到的字符串是： _>,(%8%:5%/57!::!.5:$6*5%),(%8%:M

使用密钥 61 破解得到的字符串是： ^=+'7/4$.469//9-4/#5)4$(+'7/L

使用密钥 62 破解得到的字符串是：]<*&#6#.3#-358..8,3."4(3#'*&#6#.K

使用密钥 63 破解得到的字符串是： \;)%"5"-2",247--7+2-!3'2"&)%"5"-J

使用密钥 64 破解得到的字符串是： [:($!4!,1!+136,,6*1,92&1!%($!4!,I

使用密钥 65 破解得到的字符串是： @/'#939+09*025++5)0+81%09$'#939+H

使用密钥 66 破解得到的字符串是： ?.&"828*Z8)Z14**4(Z*70$Z8#&"828*G

使用密钥 67 破解得到的字符串是： >-%!717)Y7(Y03))3'Y)6Z#Y7"%!717)F

使用密钥 68 破解得到的字符串是： =,$9606(X6'XZ2((2&X(5Y"X6!$9606(E

使用密钥 69 破解得到的字符串是： <+#85Z5'W5&WY1''1%W'4X!W59#85Z5'D

使用密钥 70 破解得到的字符串是： ;*"74Y4&V4%VX0&&0$V&3W9V48"74Y4&C

使用密钥 71 破解得到的字符串是： :)!63X3%U3$UWZ%%Z#U%2V8U37!63X3%B

使用密钥 72 破解得到的字符串是： /(952W2$T2#TVY$$Y"T$1U7T26952W2$A

使用密钥 73 破解得到的字符串是： .'841V1#S1"SUX##X!S#0T6S15841V1#z

使用密钥 74 破解得到的字符串是： -&730U0"R0!RTW""W9R"ZS5R04730U0"y

使用密钥 75 破解得到的字符串是： ,%62ZTZ!QZ9QSV!!V8Q!YR4QZ362ZTZ!x

使用密钥 76 破解得到的字符串是： +$51YSY9PY8PRU99U7P9XQ3PY251YSY9w

使用密钥 77 破解得到的字符串是： *#40XRX8OX7OQT88T6O8WP2OX140XRX8v

使用密钥 78 破解得到的字符串是：)"3ZWQW7NW6NPS77S5N7VO1NW03ZWQW7u

使用密钥 79 破解得到的字符串是： (!2YVPV6MV5MOR66R4M6UN0MVZ2YVPV6t

使用密钥 80 破解得到的字符串是： '91XUOU5LU4LNQ55Q3L5TMZLUY1XUOU5s

使用密钥 81 破解得到的字符串是： &80WTNT4KT3KMP44P2K4SLYKTX0WTNT4r

```
使用密钥 82 破解得到的字符串是：  %7ZVSMS3JS2JLO33O1J3RKXJSWZVSMS3q
使用密钥 83 破解得到的字符串是：  $6YURLR2IR1IKN22N0I2QJWIRVYURLR2p
使用密钥 84 破解得到的字符串是：  #5XTQKQ1HQ0HJM11MZH1PIVHQUXTQKQ1o
使用密钥 85 破解得到的字符串是：  "4WSPJP0GPZGIL00LYG0OHUGPTWSPJP0n
使用密钥 86 破解得到的字符串是：  !3VROIOZFOYFHKZZKXFZNGTFOSVROIOZm
使用密钥 87 破解得到的字符串是：  92UQNHNYENXEGJYYJWEYMFSENRUQNHNYl
使用密钥 88 破解得到的字符串是：  81TPMGMXDMWDFIXXIVDXLERDMQTPMGMXk
使用密钥 89 破解得到的字符串是：  70SOLFLWCLVCEHWWHUCWKDQCLPSOLFLWj
使用密钥 90 破解得到的字符串是：  6ZRNKEKVBKUBDGVVGTBVJCPBKORNKEKVi
使用密钥 91 破解得到的字符串是：  5YQMJDJUAJTACFUUFSAUIBOAJNQMJDJUh
使用密钥 92 破解得到的字符串是：  4XPLICITzISzBETTERzTHANzIMPLICITg
使用密钥 93 破解得到的字符串是：  3WOKHBHSyHRyADSSDQySGzMyHLOKHBHSf
使用密钥 94 破解得到的字符串是：  2VNJGAGRxGQxzCRRCPxRFyLxGKNJGAGRe
共用时:0.009516239166259766 秒
```

观察上述运行结果，可以发现，当密钥是 23 时，解密后的字符串是通俗易懂的英文字符串。因此，该凯撒密码密文的加密密钥是 23。

5.5   自动检测英文文本

5.5.1   实验目的

（1）熟悉字典的定义和使用方法。

（2）熟练使用字符串的 split()方法和 join()方法。

（3）掌握列表方法 append()的使用方法。

（4）理解函数的默认值参数的使用方法。

5.5.2   实验内容

编写程序，自动检测英文文本。

5.5.3   实验原理

在使用暴力破解技术破解密文时，需要测试不同的密钥，只有一个密钥可以输出正确的明文，其他密钥输出的是垃圾信息。在找到明文后，就不用测试后面的密钥了。假设明文是英文文本，那么如何区分垃圾信息和通俗易懂的英文文本呢？计算机没法区分它们，但英文文本是由英文单词组成的，这些英文单词可以在字典中找到，而组成垃圾信息的单词在字典中找不到。如果有一个字典文件，每行都是一个英文单词，并且使用某个密钥破解得到的明文中的大部分单词都在该字典文件中，那么破解后得到的明文大概率是我们想要的。本实验要编写一个程序，用于让计算机判断解密后的信息是否为英文文本。

5.5.4 参考代码

参考代码如下：

```python
# detectEnglish.py
import string

LETTERS_AND_SPACE = string.ascii_letters + ' \t\n'

def load_dictionary():
    # 因为字典查找比列表查找快，所以在读取字典文件后创建了一个字典变量
    with open("dictionary.txt") as dict_file:
        words_list = dict_file.read().split('\n')
    english_words = {}
    for word in words_list:
        english_words[word] = None
    return english_words

def remove_non_letters(message):
    # 只记录破解得到的字符串中的字母和空格
    letters_only = []
    for symbol in message:
        if symbol in LETTERS_AND_SPACE:
            letters_only.append(symbol)
    return ''.join(letters_only)

English_Words = load_dictionary()

def get_english_count(message):
    """统计破解得到的字符串中的单词频率"""
    message = message.upper()
    # 需要注意的是，字典中的所有单词都是大写的
    message = remove_non_letters(message)
    # 划分为单词列表
    possible_words = message.split()
    if not possible_words:
        # 没有单词
        return 0.0
    matches = 0
    for word in possible_words:
```

```
        if word in English_Words:
            matches += 1
    return float(matches)/len(possible_words)

def is_english(message, word_percentage=20, letter_percentage=85):
    """
    破解得到的字符串中至少要有 20% 的单词在字典中，85% 的字符必须是字母或空格（不是符号或数字）。
    """
    words_match = get_english_count(message) * 100 >= word_percentage
    num_letters = len(remove_non_letters(message))
    message_letter_percentage = float(num_letters) / len(message) * 100
    letters_match = message_letter_percentage >= letter_percentage
    return words_match and letters_match
```

将以上代码存储于一个名为 detectEnglish.py 的 Python 文件中，以备后续实验使用。更新后的凯撒密码密文暴力破解程序的参考代码如下：

```
import string
import time

LETTERS = string.ascii_letters + string.digits + string.punctuation + ' '


def hacking_caesar2(ciphertext):
    for key in range(len(LETTERS)):
        message = ""
        for symbol in ciphertext:
            if symbol in LETTERS:
                sindex = LETTERS.find(symbol)
                mindex = (sindex - key) % len(LETTERS)
                message += LETTERS[mindex]
            else:
                message += symbol
        print("使用密钥 {} 破解得到的字符串是:\t {}".format(key, message))
        # 对破解得到的字符串进行检测
        if is_english(message):
            Break


ciphertext = "1UMIFzFQwFPwyBQQBOwQExKwFJMIFzFQd"
start_time = time.time()
hacking_caesar2(ciphertext)
print("共用时:{}秒".format(time.time() - start_time))
```

运行以上两段代码，运行结果如下：

```
使用密钥 0 破解得到的字符串是：   1UMIFzFQwFPwyBQQBOwQExKwFJMIFzFQd
使用密钥 1 破解得到的字符串是：   0TLHEyEPvEOvxAPPANvPDwJvEILHEyEPc
使用密钥 2 破解得到的字符串是：   ZSKGDxDOuDNuwzOOzMuOCvIuDHKGDxDOb
使用密钥 3 破解得到的字符串是：   YRJFCwCNtCMtvyNNyLtNBuHtCGJFCwCNa
使用密钥 4 破解得到的字符串是：   XQIEBvBMsBLsuxMMxKsMAtGsBFIEBvBM
使用密钥 5 破解得到的字符串是：   WPHDAuALrAKrtwLLwJrLzsFrAEHDAuAL~
使用密钥 6 破解得到的字符串是：   VOGCztzKqzJqsvKKvIqKyrEqzDGCztzK}
使用密钥 7 破解得到的字符串是：   UNFBysyJpyIpruJJuHpJxqDpyCFBysyJ|
使用密钥 8 破解得到的字符串是：   TMEAxrxIoxHoqtIItGoIwpCoxBEAxrxI{
使用密钥 9 破解得到的字符串是：   SLDzwqwHnwGnpsHHsFnHvoBnwADzwqwH`
使用密钥 10 破解得到的字符串是：  RKCyvpvGmvFmorGGrEmGunAmvzCyvpvG_
使用密钥 11 破解得到的字符串是：  QJBxuouFluElnqFFqDlFtmzluyBxuouF^
使用密钥 12 破解得到的字符串是：  PIAwtntEktDkmpEEpCkEslyktxAwtntE]
使用密钥 13 破解得到的字符串是：  OHzvsmsDjsCjloDDoBjDrkxjswzvsmsD\
使用密钥 14 破解得到的字符串是：  NGyurlrCirBiknCCnAiCqjwirvyurlrC[
使用密钥 15 破解得到的字符串是：  MFxtqkqBhqAhjmBBmzhBpivhquxtqkqB@
使用密钥 16 破解得到的字符串是：  LEwspjpAgpzgilAAlygAohugptwspjpA?
使用密钥 17 破解得到的字符串是：  KDvroiozfoyfhkzzkxfzngtfosvroioz>
使用密钥 18 破解得到的字符串是：  JCuqnhnyenxegjyyjweymfsenruqnhny=
使用密钥 19 破解得到的字符串是：  IBtpmgmxdmwdfixxivdxlerdmqtpmgmx<
使用密钥 20 破解得到的字符串是：  HAsolflwclvcehwwhucwkdqclpsolflw;
使用密钥 21 破解得到的字符串是：  Gzrnkekvbkubdgvvgtbvjcpbkornkekv:
使用密钥 22 破解得到的字符串是：  Fyqmjdjuajtacfuufsauiboajnqmjdju/
使用密钥 23 破解得到的字符串是：  Explicit is better than implicit.
共用时:0.0009834766387939453 秒
```

与没有进行英文文本检测的 hacking_caesar()函数相比，添加了英文文本检测的 hacking_caesar2()函数的效率较高，尤其在密文字符串较长时。

5.6 列置换密码的加密过程

5.6.1 实验目的

（1）了解函数的定义和调用方法。

（2）了解函数的形参和实参。

（3）理解局部变量和全局变量。

（4）掌握列表的创建和使用方法。

（5）掌握字符串方法 join()的使用方法。

（6）掌握列置换密码的加密过程。

5.6.2　实验内容

编写程序，实现列置换密码的加密过程。

5.6.3　实验原理

置换密码又称为换位密码，是一种早期的加密方法，其特点是密文与明文中的所有字符都相同，区别是密文中的字符顺序被打乱了。置换密码不是用其他字符替换明文字符，而是将明文字符重新排序，使原始信息无法读取。因为使用不同的密钥长度会得到不同的字符顺序，所以密码分析员不知道如何将密文重新排序，从而得到明文。置换密码有不同的类型，包括栅栏密码、路由置换密码、中断置换密码等。本实验主要介绍一种简单的置换密码——列置换密码。列置换密码的加密过程如下。

（1）计算明文字符串和密钥长度。

（2）按照密钥长度将明文字符串分组，绘制一个字符矩阵，矩阵的行数是分组个数，列数是密钥长度，每组字符都是矩阵中的一行。

（3）在将明文字符串中的所有字符都填入矩阵后，将矩阵最后一行中没有用到的列位置隐藏。

（4）按照从左到右的顺序，将字符矩阵每列中的字符都提取出来，忽略隐藏的位置，得到的字符串就是密文字符串。

下面举例进行说明。使用列置换密码对明文字符串"Common sense is not so common."进行加密，得到的密文字符串是"Cenoonommstmme oo snnio. s s c"，列置换密码的加密过程如图 5-1 所示。

1st	2nd	3rd	4th	5th	6th	7th	8th
C 0	o 1	m 2	m 3	o 4	n 5	■ 6	s 7
e 8	n 9	s 10	e 11	■ 12	i 13	s 14	■ 15
n 16	o 17	t 18	■ 19	s 20	o 21	■ 22	c 23
o 24	m 25	m 26	o 27	n 28	. 29		

图 5-1　列置换密码的加密过程示例

观察图 5-1 可知，密钥的长度为 8，明文字符串的长度为 30。第 1 列字符在明文字符串中的下标分别为 0、8、16 和 24，第 2 列字符在明文字符串中的下标分别为 1、9、17 和 25，以此类推，第 n 列字符在明文字符串中的下标分别为$(n-1)+0$、$(n-1)+8$、$(n-1)+16$ 和$(n-1)+24$，并且下标不能超过明文字符串的长度。将每列字符都看作一个字符串，可以得到 8 个字符串，分别为'Ceno'、'onom'、'mstm'、'me o'、'o sn'、'nio.'、' s '和's c'。将这些字符串连接到一起，即可得到密文字符串'Cenoonommstmme oo snnio. s s c'。

5.6.4　参考代码

参考代码如下：

```
def column_transposition_cipher_encrypt(message,key_length):
    # 密文列表中的每个元素都是一个字符串，每个字符串都代表字符矩阵中的一列字符
    ciphertext = [''] * key_length
    # 浏览密文字符串中的每列字符
    for column in range(key_length):
        current_index = column
        while current_index < len(message):
            ciphertext[column] += message[current_index]
            current_index += key_length
    return ''.join(ciphertext)

message = '''Inside the garden, fresh flowers blossomed during spring, dense
trees shaded footpaths during summer, aromatic fruits permeated the air during
autumn, and white snow covered the ground during winter.'''
key_length = 6
print(column_transposition_cipher_encrypt(message,key_length))
```

以上代码的运行结果如下：

```
I a  rs gnneaohimaiirdaru hnvtouw.ntrffssd gsedosnmrctm iitaioehurishdrl
ous,eset geo setrnuntwreninieeeobmrp   dpd rmf ah gmde e dntd nswleirdts
aus,arpted n  cdg geeg,heodnierhftru tuee ua,wso rd r
```

5.7　列置换密码的解密过程

5.7.1　实验目的

（1）掌握列置换密码的解密过程。
（2）了解 math 模块中的 ceil()函数。
（3）掌握逻辑运算符 and 和 or 的使用方法。

5.7.2　实验内容

编写程序，实现列置换密码的解密过程。

5.7.3 实验原理

列置换密码的解密过程和加密过程有所不同。列置换密码的解密过程如下。

（1）确定字符矩阵的行数和列数：行数与密钥长度相同，列数是将密文字符串的长度与密钥长度的商向上取整得到的数字。

（2）计算隐藏位置个数：用行数和列数的积减去密文字符串的长度，即可得到隐藏位置的个数 k。将最右侧列底部的 k 个位置隐藏。

（3）从第一行开始，按照从左到右的顺序，将密文字符串中的所有字符依次填入字符矩阵。

（4）按照从上到下的顺序，从最左边的列开始，将字符矩阵每列中的字符都提取出来，忽略隐藏的位置，即可得到明文字符串。

下面举例进行说明。密文字符串为"Cenoonommstmme oo snnio. s s c"，密钥长度是 8。密文字符串的长度为 30，30÷8=3.75，向上取整为 4，因此可以绘制一个 8×4 的矩阵，其中隐藏位置个数为 2（4×8-30=2），如图 5-2 所示。将每列字符都看作一个字符串，可以得到 4 个字符串，分别为'Common s'、'ense is '、'not so c'和'ommon.'。将这些字符串连接到一起，即可得到明文字符串'Common sense is not so common.'。

C	e	n	o
o	n	o	m
m	s	t	m
m	e	■	o
o	■	s	n
n	i	o	.
■	s	■	
s	■	c	

图 5-2　列置换密码的解密过程示例

5.7.4　参考代码

参考代码如下：

```
import math

def column_transposition_cipher_decrypt(message,key_length):
    # 计算列的数量
    num_of_columns = math.ceil(len(message) / key_length)
    num_of_rows = key_length
    # 计算隐藏位置个数
    num_of_shade_box = (num_of_columns * num_of_rows) - len(message)
    # 明文列表中的每个元素都是一个字符串
    plaintext = [''] * num_of_columns
    row,column = 0,0
    for symbol in message:
        plaintext[column] += symbol
        column += 1
        # 如果没有更多的列，或者到达了隐藏位置，那么跳转到下一行的第一列
        if (column == num_of_columns) or (column == num_of_columns - 1 and
row >= num_of_rows - num_of_shade_box):
            column = 0
            row += 1
    return ''.join(plaintext)

message = "I a rs gnneaohimaiirdaru hnvtouw.ntrffssd gsedosnmrctm iitaioehurishdrl
ous,eset geo setrnuntwreninieeeobmrp  dpd rmf ah gmde e dntd nswleirdts aus,arpted
n cdg geeg,heodnierhftru tuee ua,wso rd r"
key_length = 6
print(column_transposition_cipher_decrypt(message,key_length))
```

以上代码的运行结果如下：

```
Inside the garden, fresh flowers blossomed during spring, dense trees shaded
footpaths during summer, aromatic fruits permeated the air during autumn, and
white snow covered the ground during winter.
```

5.8　列置换密码密文的暴力破解

5.8.1　实验目的

（1）了解如何使用三引号定界字符串。
（2）掌握字符串方法 strip()、upper()、startswith()的使用方法。

5.8.2 实验内容

编写程序，破解列置换密码密文。

5.8.3 实验原理

本实验使用暴力破解技术破解列置换密码密文，通过尝试不同的密钥长度，找到一个密钥长度，使列置换密码密文在解密后得到可读的英文文本。这个过程需要使用之前实现的列置换密码的加密函数和解密函数。将列置换密码的加密函数 column_transposition_cipher_encrypt() 和解密函数 column_transposition_cipher_decrypt() 存储于一个 Python 文件中，将该文件命名为 Column_Transposition_encrypt_decrypt.py。

5.8.4 参考代码

参考代码如下：

```
import detectEnglish
import Column_Transposition_encrypt_decrypt as transposition
# 在破解列转换密码密文时，导入列转换密码的加密函数和解密函数


def main(message):
    hacked_message = hack_transposition(message)
    if hacked_message is None:
        print("破解失败。")
    else:
        print("破解后的字符串为：",hacked_message)


def hack_transposition(message):
    print("破解中...")
    print("按 Ctrl-C 快捷键（Windows 操作系统）或 Ctrl-D 快捷键（macOS 和 Linux 操作系统）
退出程序。")
    for key in range(1,len(message)):
        print("尝试用密钥{}破解".format(key))
        decrypted_text = transposition.column_transposition_cipher_decrypt
(message,key)
        if detectEnglish.is_english(decrypted_text):
            print()
            print("破解后的字符串可能是：")
            print("密钥{}:{}".format(key,decrypted_text[:100]))
            print()
            print("输入"D"结束，或者输入其他字符继续：")
            response = input("> ")
```

```
        if response.strip().upper().startswith('D'):
            return decrypted_text
    return None


if __name__ == "__main__":
    message = """AaKoosoeDe5 b5sn ma reno ora'lhlrrceey e enlh na indeit n uhoretrm
au ieu v er Ne2 gmanw,forwnlbsya apor tE.no euarisfatt e mealefedhsppmgAnlnoe(c -
or)alat r lw o eb    nglom,Ain one dtes ilhetcdba. t tg eturmudg,tfl1e1 v
nitiaicynhrCsaemie-sp ncgHt nie cetrgmnoa yc r,ieaa toesa- e a0m82e1w shcnth ekh
gaecnpeutaaieetgn iodhso d ro hAe snrsfcegrt NCsLc b17m8aEheideikfr aBercaeu
thllnrshicwsg etriebruaisss d iorr."""
    main(message)
```

以上代码的运行结果如下：

```
破解中...
按 Ctrl-C 快捷键（Windows 操作系统）或 Ctrl-D 快捷键（macOS 和 Linux 操作系统）退出程序。
尝试用密钥 1 破解
尝试用密钥 2 破解
尝试用密钥 3 破解
尝试用密钥 4 破解
尝试用密钥 5 破解
尝试用密钥 6 破解

破解后的字符串可能是：
密钥 6:Augusta Ada King-Noel, Countess of Lovelace (10 December 1815 - 27
November 1852) was an English mat

输入 "D" 结束，或者输入其他字符继续：
> d
破解后的字符串为：Augusta Ada King-Noel, Countess of Lovelace (10 December 1815
- 27 November 1852) was an English mathematician and writer, chiefly known
for her work on Charles Babbage's early mechanical general-purpose computer,
the Analytical Engine. Her notes on the engine include what is recognised as
the first algorithm intended to be carried out by a machine. As a result, she
is often regarded as the first computer programmer.
```

5.9　使用列置换密码加密和解密文本文件

5.9.1　实验目的

（1）掌握 open()函数的使用方法。

（2）掌握文件的读/写操作。

（3）熟练使用字符串方法 upper()、title()和 lower()。

（4）掌握字符串方法 startswith()和 endswith()的使用方法。

（5）了解 time 模块中 time()函数的使用方法。

5.9.2　实验内容

编写程序，使用列置换密码加密和解密文本文件。

5.9.3　实验原理

使用列置换密码可以对纯文本文件（未格式化的文本文件）进行加密和解密。这些文件中只有文本数据，通常使用.txt 作为文件扩展名。可以使用 Windows 操作系统中的 Notepad、macOS 中的 TextEdit 及 Linux 操作系统中的 gedit 等编写文本文件，然后利用前面实验中实现的列置换密码的加密函数和解密函数对该文本文件进行加密或解密操作。

5.9.4　参考代码

参考代码如下：

```python
import time
import os
import sys
import Column_Transposition_encrypt_decrypt as transposition

def main(input_filename,key_length=10,mode='encrypt'):
    output_filename = input_filename[:-4] + "_" + mode + "ed.txt"
    # 判断输入文件是否存在
    if not os.path.exists(input_filename):
        print("{}文件不存在".format(input_filename))
        sys.exit()
    # 判断输出文件是否存在
    if os.path.exists(output_filename):
        print("{}将会被覆盖，是继续(C)还是退出(Q)?".format(output_filename))
        response = input('>')
        if not response.lower().startswith('c'):
            sys.exit()
    # 打开文件
    with open(input_filename) as file_handle:
        # 读取文件内容
        content = file_handle.read()
    print('{}中...'.format(mode.title()))
    start_time = time.time()
```

```
   # 如果采用加密模式，则利用列置换密码的加密函数进行加密操作
   if mode == "encrypt":
       translated = transposition.column_transposition_cipher_encrypt (content,
key_length)
   # 如果采用解密模式，则利用列置换密码的解密函数进行解密操作
   elif mode == "decrypt":
       translated = transposition.column_transposition_cipher_decrypt(content,
key_length)
   total_time = round(time.time() - start_time,2)    # 保留 2 位有效数字
   print("{}时间：{}秒".format(mode.title(),total_time))

   # 将加密/解密后的内容写入文本文件
   with open(output_filename,'w') as output_fileobj:
       output_fileobj.write(translated)

   print("文件{}  {}完成(共{}个字符)".format(input_filename,mode.title(),len
(content)))
   print("{}后的文件是{}".format(mode.title(),output_filename))
```

在以上代码中，main()函数实现了使用列置换密码加密和解密文本文件的功能。运行以上代码，并且使用任意一个文本文件进行测试，这里选用和 main()函数在相同目录下的 inputfile 文件夹中的 frankenstein.txt 文件进行加密测试，代码如下：

```
if __name__ == "__main__":
   main("./inputfile/frankenstein.txt")
```

运行结果如下：

```
Encrypt 中...
Encrypt 时间：0.43 秒
文件./inputfile/frankenstein.txt Encrypt 完成(共 441034 个字符)
Encrypt 后的文件是./inputfile/frankenstein_encrypted.txt
```

在以上运行结果中，产生了加密文件 frankenstein_encrypted.txt，使用以下代码对加密文件 frankenstein_encrypted.txt 进行解密测试。

```
if __name__ == "__main__":
   main("./inputfile/frankenstein_encrypted.txt",mode="decrypt")
```

运行结果如下：

```
Decrypt 中...
Decrypt 时间：0.13 秒
文件./inputfile/frankenstein_encrypted.txt Decrypt 完成(共 441034 个字符)
Decrypt 后的文件是./inputfile/frankenstein_encrypted_decrypted.txt
```

5.10 模运算和乘法密码

5.10.1 实验目的

（1）掌握模运算和模运算符"%"的使用方法。
（2）掌握整除运算符"//"的使用方法。
（3）理解使用欧几里得算法计算最大公约数的方法。
（4）理解乘法密码的原理。
（5）了解使用欧几里得算法寻找模逆的扩展算法。

5.10.2 实验内容

（1）编写程序，计算两个数的最大公约数。
（2）编写程序，计算两个数的模逆。

5.10.3 实验原理

模运算（缩写为 mod）又称为时钟运算，是指在数字达到特定值时进行环绕运算的数学运算，也可以将 mod 算子看作一种除法余数算子。后期实验将使用模运算处理仿射密码的加密过程和解密过程。

在确定了两个数的所有约数后，即可找到它们的最大公约数（Greatest Common Divisor，GCD）。使用欧几里得算法计算两个数的最大公约数，基本步骤如下。

（1）给定两个正整数 n 和 m。
（2）选取其中较小的数，假定为 m。
（3）如果 $n\% m$ 不为 0，即存在余数，则将 n 和 m 中较大的数 n 替换为余数，返回步骤（2）。
（4）如果 $n\% m$ 为 0，则最大公约数为 m。

在凯撒密码中，加密算法或解密算法首先将明文字符串或密文字符串中的每个字符都转换为它在替换字符集中的下标，然后将其加上或减去密钥，得到新的下标，最后找到新下标在替换字符集中对应的字符，即加密字符或解密字符。在使用乘法密码进行加密时，会将索引数字与密钥相乘。例如，使用密钥 3 加密字符'E'，因为字符'E'的索引为 4，所以得到的加密字符的索引为 3×4=12，即字符'M'。当索引数字与密钥的积超过字母总数时，乘法密码有一个类似于凯撒密码的环绕问题，可以使用模运算解决。下面举例进行说明。假设密钥为 7，使用乘法密码对英文大写字母表中的每个字母进行加密，加密过程如表 5-1 所示。

表 5-1　乘法密码的加密过程举例

明文字符	下标	使用密钥 7 进行加密	密文字符
A	0	(0 * 7) % 26 = 0	A
B	1	(1 * 7) % 26 = 7	H
C	2	(2 * 7) % 26 = 14	O
D	3	(3 * 7) % 26 = 21	V
E	4	(4 * 7) % 26 = 2	C
F	5	(5 * 7) % 26 = 9	J
G	6	(6 * 7) % 26 = 16	Q
H	7	(7 * 7) % 26 = 23	X
I	8	(8 * 7) % 26 = 4	E
J	9	(9 * 7) % 26 = 11	L
K	10	(10 * 7) % 26 = 18	S
L	11	(11 * 7) % 26 = 25	Z
M	12	(12 * 7) % 26 = 6	G
N	13	(13 * 7) % 26 = 13	N
O	14	(14 * 7) % 26 = 20	U
P	15	(15 * 7) % 26 = 1	B
Q	16	(16 * 7) % 26 = 8	I
R	17	(17 * 7) % 26 = 15	P
S	18	(18 * 7) % 26 = 22	W
T	19	(19 * 7) % 26 = 3	D
U	20	(20 * 7) % 26 = 10	K
V	21	(21 * 7) % 26 = 17	R
W	22	(22 * 7) % 26 = 24	Y
X	23	(23 * 7) % 26 = 5	F
Y	24	(24 * 7) % 26 = 12	M
Z	25	(25 * 7) % 26 = 19	T

假设替换字符集由 26 个大写字母、26 个小写字母、10 个数字、空格和 3 个标点符号"!""?""."构成。在使用密钥为 17 的乘法密码对替换字符集中的每个字符进行加密时，明文字符和密文字符之间的对应关系如表 5-2 所示（该表中的空白部分为空格）。

表 5-2　明文字符和密文字符之间的对应关系（乘法密码的密钥为 17）

明文字符	A	B	C	D	E	F	G	H	I	J	K	L	M	N	O	P	Q	R	S	T	U	V	W	X	Y	Z	a	b	c	d	e	f	g
密文字符	A	R	i	z	C	T	k	2	E	V	m	4	G	X	o	6	I	Z	q	8	K	b	s	0	M	d	u	!	O	f	w	.	Q

明文字符	h	i	j	k	l	m	n	o	p	q	r	s	t	u	v	w	x	y	z	1	2	3	4	5	6	7	8	9	0		!	?	.
密文字符	h	y	B	S	j	1	D	U	1	3	F	W	n	5	H	Y	p	7	J	a	r	9	L	c	t		N	e	v	?	P	g	x

同样地，在使用密钥为 17 的凯撒密码对替换字符集中的每个字符进行加密时，明文字符和密文字符之间的对应关系如表 5-3 所示（该表中的空白部分为空格）。

表 5-3　明文字符和密文字符之间的对应关系（凯撒密码的密钥为 17）

明文字符	A	B	C	D	E	F	G	H	I	J	K	L	M	N	O	P	Q	R	S	T	U	V	W	X	Y	Z	a	b	c	d	e	f	g
密文字符	R	S	T	U	V	W	X	Y	Z	a	b	c	d	e	f	g	h	i	j	k	l	m	n	o	p	q	r	s	t	u	v	w	x
明文字符	h	i	j	k	l	m	n	o	p	q	r	s	t	u	v	w	x	y	z	1	2	3	4	5	6	7	8	9	0		!	?	.
密文字符	y	z	1	2	3	4	5	6	7	8	9	0		!	?	.	A	B	C	D	E	F	G	H	I	J	K	L	M	N	O	P	Q

比较使用乘法密码和使用凯撒密码加密后的密文，可以发现，使用乘法密码加密的密文更加随机。

但是，不能随意选取一个数字作为乘法密码的密钥。例如，如果使用密钥为 11 的乘法密码对替换字符集中的每个字符进行加密，那么明文字符和密文字符之间的对应关系如表 5-4 所示（该表中的空白部分为空格）。

表 5-4　明文字符和密文字符之间的对应关系（乘法密码的密钥为 11）

明文字符	A	B	C	D	E	F	G	H	I	J	K	L	M	N	O	P	Q	R	S	T	U	V	W	X	Y	Z	a	b	c	d	e	f	g
密文字符	A	L	W	h	s	4	A	L	W	h	s	4	A	L	W	h	s	4	A	L	W	h	s	4	A	L	W	h	s	4	A	L	W
明文字符	h	i	j	k	l	m	n	o	p	q	r	s	t	u	v	w	x	y	z	1	2	3	4	5	6	7	8	9	0		!	?	.
密文字符	h	s	4	A	L	W	h	s	4	A	L	W	h	s	4	A	L	W	h	s	4	A	L	W	h	s	4	A	L	W	h	s	4

观察表 5-4，可以发现，明文字符'A'、'G'、'M'、'S'、'Y'、'e'、'k'、'q'、'w'、3 和 9 对应的密文字符都为'A'。在密文字符串中遇到字符'A'时，不知道将它解密为明文字符串中的哪个字符。在乘法密码中，密钥长度和替换字符集的长度必须是相对素数。如果两个数字的最大公约数为 1，那么它们是相对素数（或互质）。也就是说，除了 1 外，两个数字没有共同的约数。例如，如果 gcd(num1,num2) 的值为 1，那么数字 num1 和 num2 是相对素数，可以将 num1 作为密钥长度，将 num2 作为替换字符集的长度。对于一个长度为 66 的替换字符集，乘法密码只有 19 个不同的密钥，即 5、7、13、17、19、23、25、29、31、35、37、41、43、47、49、53、59、61、65，比具有相同替换字符集的凯撒密码的密钥要少。

使用乘法密码的一个缺点是，字符'A'总是映射到字符'A'。原因是字符'A'的索引值为 0，0 乘任何数字都为 0。解决思路是，在使用乘法密码进行加密后，使用第二个密钥进行凯撒加密，这个额外的步骤会将乘法密码转换为仿射密码。

在实现仿射密码加密过程和解密过程时，将仿射密码的密钥分为两个密钥：密钥 A 和密钥 B。首先将明文字符索引值和密钥 A 相乘，然后将密钥 B 添加到二者的积中，最后与替换字符集的长度进行模运算，即可得到密文字符的索引值。使用加密的相反操作，即可解密仿射密码。具体来说，要对仿射密码进行解密，首先将明文字符索引值减去密钥 B，然后乘密钥 A 的模逆，最后与替换字符集的长度进行模运算，即可得到明文字符的索引值。如果两个数 a 和 m 的模逆为 i，那么 $(a \times i) \% m = 1$。例如，3 是 5 和 7 的模逆，因为 $(5 \times 3) \% 7 = 1$。仿射密码的加密密钥和解密密钥是两个不同的数字。加密密钥可以是任何与替换字符集长度互质的数字。假设使用密钥 7 进行仿射密码的加密操作，那么解密密钥是 7 和 26 的模逆，也就是 15，因为(7×15)%26=1。

如果要通过计算模逆的方式确定仿射密码的解密密钥，则可以使用暴力破解技术，从 1 开始逐个测试，但是这种方法对于大的密钥很耗时。下面使用欧几里得的扩展算法寻找一个数字的模逆。

5.10.4　参考代码

参考代码如下：

```
# cryptomath.py
def gcd(a, b):
    # 返回 a 和 b 的最大公约数
    while a != 0:
        a, b = b % a, a
    return b

def findModInverse(a, m):
    # 返回 a 和 m 的模逆 x，使(a * x) % m = 1
    if gcd(a, m) != 1:
        return None # 如果 a 和 m 不是相对素数，则没有模逆
    # 使用欧几里得的扩展算法计算模逆
    u1, u2, u3 = 1, 0, a
    v1, v2, v3 = 0, 1, m
    while v3 != 0:
        q = u3 // v3
        v1, v2, v3, u1, u2, u3 = (u1 - q * v1), (u2 - q * v2), (u3 - q * v3),
v1, v2, v3
    return u1 % m
```

因为后期实验需要用到计算两个数的最大公约数的函数 gcd()，以及计算两个数的模逆的函数 findModInverse()，所以本实验将它们放在一个名为 cryptomath.py 的 Python 文件中。接下来，在 Python 交互环境中对这两个函数进行测试，代码和运行结果如下：

```
>>> import cryptomath
>>> cryptomath.gcd(24, 32)
8
>>> cryptomath.gcd(37, 41)
1
>>> cryptomath.findModInverse(7, 26)
15
>>> cryptomath.findModInverse(8953851, 26)
17
>>>
```

5.11　仿射密码的加密过程和解密过程

5.11.1　实验目的

（1）掌握元组的创建和使用方法。
（2）理解仿射密码中的两种密钥。
（3）了解生成随机密钥的方法。

5.11.2　实验内容

编写程序，实现仿射密码的加密过程和解密过程。

5.11.3　实验原理

仿射密码实际上是与凯撒密码相结合的乘法密码。乘法密码与凯撒密码相似，区别是乘法密码使用乘法加密消息，凯撒密码使用加法加密消息。在实现仿射密码的加密过程时，需要将仿射密码的密钥分为两个密钥：密钥 A 和密钥 B。密钥 A 是与替换字符集长度互质的数字，应用于乘法密码。密钥 B 是小于替换字符集长度的数字，应用于凯撒密码。在实现仿射密码的解密过程时，需要用到加密过程中密钥 A 的模逆，相关原理参考上一个实验。

5.11.4　参考代码

参考代码如下：

```python
# affineCipher.py
import sys
import random
import string
import cryptomath

SYMBOLS = string.ascii_letters + string.digits + ' !?.'
# 不在替换字符集 SYMBOLS 中的字符不会被加密

def getKeyParts(key):
    keyA = key // len(SYMBOLS)
    keyB = key % len(SYMBOLS)
    return (keyA, keyB)

def checkKeys(keyA, keyB, mode):
    if keyA == 1 and mode == 'encrypt':
        sys.exit('密钥 A 为 1，密码太弱。请选择其他密钥。')
```

```
    if keyB == 0 and mode == 'encrypt':
        sys.exit('密钥 B 为 0，密码太弱。请选择其他密钥。')
    if keyA < 0 or keyB < 0 or keyB > len(SYMBOLS) - 1:
        sys.exit('密钥 A 必须是大于 0 的整数，密钥 B 必须是取值范围为 0～%s 的整数。' %
(len(SYMBOLS) - 1))
    if cryptomath.gcd(keyA, len(SYMBOLS)) != 1:
        sys.exit('密钥 A({})和字符集长度({})不是互质的。请选择其他密钥。'.format(keyA,
len(SYMBOLS)))


def encryptMessage(key, message):
    keyA, keyB = getKeyParts(key)
    checkKeys(keyA, keyB, 'encrypt')
    ciphertext = ''
    for symbol in message:
        if symbol in SYMBOLS:
            # 加密
            symbolIndex = SYMBOLS.find(symbol)
            ciphertext += SYMBOLS[(symbolIndex * keyA + keyB) % len(SYMBOLS)]
        else:
            ciphertext += symbol # 其他字符保持原样输出
    return ciphertext


def decryptMessage(key, message):
    keyA, keyB = getKeyParts(key)
    checkKeys(keyA, keyB, 'decrypt')
    plaintext = ''
    modInverseOfKeyA = cryptomath.findModInverse(keyA, len(SYMBOLS))
    for symbol in message:
        if symbol in SYMBOLS:
            symbolIndex = SYMBOLS.find(symbol)
            plaintext += SYMBOLS[(symbolIndex - keyB) * modInverseOfKeyA % len
(SYMBOLS)]
        else:
            plaintext += symbol
    return plaintext


def getRandomKey():
    while True:
        keyA = random.randint(2, len(SYMBOLS))
        keyB = random.randint(2, len(SYMBOLS))
```

```
        if cryptomath.gcd(keyA, len(SYMBOLS)) == 1:
            return keyA * len(SYMBOLS) + keyB


def main(myMessage,myKey,myMode = 'encrypt'):
    # 两种模式: 'encrypt' 和 'decrypt'.
    if myMode == 'encrypt':
        translated = encryptMessage(myKey, myMessage)
    elif myMode == 'decrypt':
        translated = decryptMessage(myKey, myMessage)
    print('Key: %s' % (myKey))
    print('%sed text:' % (myMode.title()))
    print(translated)
```

运行以上代码，并且使用以下代码测试仿射密码的加密过程。

```
myMessage = """A computer would deserve to be called intelligent if it could
deceive a human into believing that it was human." -Alan Turing"""
myKey = getRandomKey()
main(myMessage,myKey,'encrypt')
```

运行结果如下：

```
Key: 871
Encrypted text:
vBN!Lkj  .KBJ!jyOBO.X.Kw.B  !BA.BNnyy.OBZY  .yyZz.Y  BZmBZ  BN!jyOBO.N.Zw.
BnBMjLnYBZY !BA.yZ.wZYzB Mn BZ BJnXBMjLnYa"B-vynYBejKZYz
```

使用上面的密钥和加密文本测试仿射密码的解密过程，参考代码如下：

```
myMessage="vBN!Lkj .KBJ!jyOBO.X.Kw.B !BA.BNnyy.OBZY .yyZz.Y BZmBZ BN!jyOBO.N.
Zw.BnBMjLnYBZY !BA.yZ.wZYzB Mn BZ BJnXBMjLnYa"B-vynYBejKZYz"
myKey = 871
main(myMessage,myKey,'decrypt')
```

运行结果如下：

```
Key: 871
Decrypted text:
A computer would deserve to be called intelligent if it could deceive a human
into believing that it was human." -Alan Turing
```

5.12 仿射密码密文的暴力破解

5.12.1 实验目的

（1）掌握指数运算符"**"的使用方法。

（2）掌握 continue 语句的使用方法。

（3）理解仿射密码密文的暴力破解过程。

5.12.2　实验内容

编写程序，暴力破解仿射密码密文。

5.12.3　实验原理

根据前面的实验可知，仿射密码的密钥只有几千个（与字符集的大小有关），这意味着可以使用暴力破解技术破解仿射密码密文。本实验会用到之前实现的仿射密码加密和解密程序 affineCipher、计算最大公约数的函数 gcd() 及英文文本检测程序 detectEnglish，从而实现代码复用。

5.12.4　参考代码

参考代码如下：

```python
# affineHacker.py
import detectEnglish
import affineCipher

SILENT_MODE = False


def hack_affine(message):
    print("破解中...")
    # 按 Ctrl-C 快捷键（Windows 操作系统）或 Ctrl-D 快捷键（macOS 和 Linux 操作系统），可以
在任何时候停止 Python 程序的运行
    print("按 Ctrl-C 快捷键（Windows 操作系统）或 Ctrl-D 快捷键（macOS 和 Linux 操作系统），
可以随时退出。")
    # 暴力破解每一个可能的密钥
    for key in range(len(affineCipher.SYMBOLS) ,len(affineCipher.SYMBOLS) ** 2):
        keyA = affineCipher.getKeyParts(key)[0]
        if affineCipher.cryptomath.gcd(keyA,len(affineCipher.SYMBOLS)) != 1:
            continue

        decrypted_text = affineCipher.decryptMessage(key,message)
        if not SILENT_MODE:
            print("尝试用密钥{}...破解得到明文{}".format(key,decrypted_text[:40]))

        if detectEnglish.is_english(decrypted_text):
            # 检查破解密钥是否已找到
            print()
```

```
            print("密文的可能破解是: ")
            print("密钥: {}".format(key))
            print("破解得到字符串: {}".format(decrypted_text[:200]))
            print()
            print("输入"D"结束, 或者按 Enter 键继续破解: ")
            response = input(">")
            if response.strip().upper().startswith('D'):
                return decrypted_text
    return None


def main(message):
    hacked_message = hack_affine(message)
    if hacked_message is not None:
        print("最终破解得到的字符串是: ")
        print(hacked_message)
    else:
        print("破解失败")
```

使用以下代码测试仿射密码密文的暴力破解程序。

```
message = """BN!T7MdkXyN3Tda4N4XrXy XNkTNeXN!laaX4Nv0kXaavJX0kNvQNvkN!Tda4N4X!Xv
XNlNCd7l0Nv0kTNeXavX v0JNkClkNvkN3lrNCd7l0s"N-Bal0NAdyv0J"""
if __name__ == "__main__":
    main(message)
```

运行结果如下:

```
破解中...
按 Ctrl-C 快捷键(Windows 操作系统)或 Ctrl-D 快捷键(macOS 和 Linux 操作系统), 可以随时退出。
尝试用密钥 66...破解得到明文 BN!T7MdkXyN3Tda4N4XrXy XNkTNeXN!laaX4Nv0
尝试用密钥 67...破解得到明文 AM S6LcjWxM2Sc.3M3WqWx9WMjSMdWM k..W3MuZ
尝试用密钥 68...破解得到明文 zL9R5KbiVwL1Rb?2L2VpVw8VLiRLcVL9j??V2LtY
...中间结果省略
尝试用密钥 3902...破解得到明文 JflxvyDCnAfFxDumfmnBnAEnfCxfknfljuunmfrw
尝试用密钥 3903...破解得到明文 2yEQORWVGTyYQWNFyFGUGTXGyVQyDGyECNNGFyKP
尝试用密钥 3904...破解得到明文 hRX97 baZ?Rd9b6YRYZ.Z?cZRa9RWZRXV66ZYR38
尝试用密钥 3905...破解得到明文 A computer would deserve to be called in

密文的可能破解是:
密钥: 3905
破解得到字符串: A computer would deserve to be called intelligent if it could
deceive a human into believing that it was human." -Alan Turing

输入"D"结束, 或者按 Enter 键继续破解:
```

```
>d
```
最终破解得到的字符串是：
```
A computer would deserve to be called intelligent if it could deceive a human
into believing that it was human." -Alan Turing
```

5.13　简单替换密码的加密过程和解密过程

5.13.1　实验目的

（1）掌握列表方法 sort()的使用方法。

（2）熟练使用字符串的 strip()、isupper()和 islower()方法。

（3）理解简单替换密码的加密过程和解密过程。

5.13.2　实验内容

编写程序，实现简单替换密码的加密过程和解密过程。

5.13.3　实验原理

将明文使用的字母表替换为另一套字母表的密码称为简单替换密码（Simple Substitution Cipher）。简单替换密码与字母表中的 26 个字母分别建立一对一的对应关系（每个字母只使用一次），其密钥是一个由 26 个字母组成的随机序列，密钥总数是 26 的阶乘（26!=403291461126605635584000000）。凯撒密码是简单替换密码的一个特例，其密钥总数是 26。

下面通过实例讲解简单替换密码的加密过程和解密过程。假设要对明文"Attack at dawn."使用密钥"VJZBGNFEPLITMXDWKQUCRYAHSO"进行加密，那么要先在一行中写出明文字母表，并且在每个明文字母下面写出对应的密钥字母，如表 5-5 所示。

表 5-5　明文字母与密钥字母之间的对应关系

明文字母	A	B	C	D	E	F	G	H	I	J	K	L	M	N	O	P	Q	R	S	T	U	V	W	X	Y	Z
密钥字母	V	J	Z	B	G	N	F	E	P	L	I	T	M	X	D	W	K	Q	U	C	R	Y	A	H	S	O

在进行加密时，从第一行的明文字母表中找到字母，并且用第二行相应位置的字母进行替换，将'A'加密为'V'，将'T'加密为'C'，将'C'加密为'Z'，将'K'加密为'T'，将'D'加密为'B'，将'W'加密为'A'，将'N'加密为'X'，并且按照明文字母的大小写对密文字母进行相应的大小写转换，其他字符原样输出，即可将明文字符串"Attack at dawn."加密成密文字符串"Vccvzi vc bvax."。在进行解密时，从第二行的密钥字母表中找到字母，并且用第一行相应位置的字母进行替换，将'V'解密为'A'，将'C'解密为'T'，将'Z'解密为'C'，以此类推，并且按照密文字母的大小写对明文字母进行相应的大小写转换，其他字符原样输出，即可将密文字符串

"Vccvzi vc bvax."解密成明文字符串"Attack at dawn."。

在凯撒密码中，下面一行的加密字母是原字母表通过移位得到的，因此其字母顺序是有规律的。与凯撒密码不同，在简单替换密码中，下面一行的加密字母是完全置乱的，这会产生更多可能的密钥，这也是使用简单替换密码的一个巨大优势。相应地，它的缺点也很明显，密钥是由 26 个字母组成的随机序列，很难记忆，通常需要将密钥写下来，并且注意保密。

5.13.4　参考代码

参考代码如下：

```python
# simpleSubCipher.py
import string
import random
import sys

# 大写字母表
LETTERS = string.ascii_uppercase

def key_is_valid(key):
    """判断密钥字符集和明文字符集中包含的字母是否一致"""
    # 转换为列表
    key_list = list(key)
    letters_list = list(LETTERS)
    # 排序
    key_list.sort()
    letters_list.sort()
    return key_list == letters_list

def translate_message(message,key,mode):
    # 替换后得到的字符串
    translated = ''
    # 明文字符集
    charsA = LETTERS
    # 密钥字符集
    charsB = key
    # 如果采用解密模式，则将明文字母表和密钥字母表交换位置
    # 即可将解密操作转换为加密操作
    if mode == 'decrypt':
        charsA, charsB = charsB, charsA
    for symbol in message:
        # 在明文字符集中找到明文字母的位置，并且使用密钥字符集相应位置的字母替换
        if symbol.upper() in charsA:
```

```
        symbol_index = charsA.find(symbol.upper())
        if symbol.isupper():
            translated += charsB[symbol_index].upper()
        else:
            translated += charsB[symbol_index].lower()
    else:
        # 不在明文字符集中的字符原样输出
        translated += symbol
    return translated


def get_random_key():
    """密钥是由 26 个字母组成的随机序列"""
    key = list(LETTERS)
    random.shuffle(key)              # 打乱顺序
    return ''.join(key)              # 返回密钥字符串


def main(message,key,mode='encrypt'):
    # 判断密钥字符集和明文字符集中包含的字母是否一致
    if not key_is_valid(key):
        sys.exit("密钥或者字符集有错误。")
    # 加密: mode='encrypt'
    # 解密: mode='decrypt'
    translated = translate_message(message,key,mode)
    print("使用密钥 {}".format(key))
    print("{}ed 后的消息是: {}".format(mode,translated))
```

运行以上代码，并且使用以下代码进行加密测试。

```
# 加密
message = 'If a man is offered a fact which goes against his instincts, he
will scrutinize it closely, and unless the evidence is overwhelming, he will
refuse to believe it. If, on the other hand, he is offered something which
affords a reason for acting in accordance to his instincts, he will accept it
even on the slightest evidence. The origin of myths is explained in this way.
-Bertrand Russell'

key = get_random_key()
if __name__ == "__main__":
    main(message,key)
```

运行结果如下：

```
使用密钥 OBYPSULJFCARHWKGDVNMZEXTIQ
encrypted 后的消息是:Fu o how fn kuusvsp o uoym xjfyj lksn olofwnm jfn
```

```
fwnmfwymn, js xfrr nyvzmfwfqs fm yrknsri, owp zwrsnn mjs sefpswys fn
kesvxjsrhfwl, js xfrr vsuzns mk bsrfses fm. Fu, kw mjs kmjsv jowp, js fn
kuusvsp nkhsmjfwl xjfyj ouukvpn o vsonkw ukv oymfwl fw oyykvpowys mk jfn
fwnmfwymn, js xfrr oyysgm fm sesw kw mjs nrfljmsnm sefpswys. Mjs kvflfw ku
himjn fn stgrofwsp fw mjfn xoi. -Bsvmvowp Vznnsrr
```

使用以下代码进行解密测试。

```
# 解密
message = 'Fu o how fn kuusvsp o uoym xjfyj lksn olofwnm jfn fwnmfwymn, js
xfrr nyvzmfwfqs fm yrknsri, owp zwrsnn mjs sefpswys fn kesvxjsrhfwl, js xfrr
vsuzns mk bsrfses fm. Fu, kw mjs kmjsv jowp, js fn kuusvsp nkhsmjfwl xjfyj
ouukvpn o vsonkw ukv oymfwl fw oyykvpowys mk jfn fwnmfwymn, js xfrr oyysgm fm
sesw kw mjs nrfljmsnm sefpswys. Mjs kvflfw ku himjn fn stgrofwsp fw mjfn xoi.
-Bsvmvowp Vznnsrr'
key = 'OBYPSULJFCARHWKGDVNMZEXTIQ'


if __name__ == "__main__":
    main(message,key,'decrypt')
```

运行结果如下：

```
使用密钥 OBYPSULJFCARHWKGDVNMZEXTIQ
decrypted 后的消息是：If a man is offered a fact which goes against his
instincts, he will scrutinize it closely, and unless the evidence is
overwhelming, he will refuse to believe it. If, on the other hand, he is
offered something which affords a reason for acting in accordance to his
instincts, he will accept it even on the slightest evidence. The origin of
myths is explained in this way. -Bertrand Russell
```

5.14   简单替换密码密文的破解

5.14.1   实验目的

（1）了解正则表达式。

（2）掌握字典的创建和使用方法。

（3）掌握字符串方法 replace()、find()和 join()的使用方法。

（4）了解如何利用单词模式进行解密操作。

（5）理解简单替换密码密文的破解原理和步骤。

（6）了解 pprint 模块中的 pformat()函数的使用方法。

5.14.2 实验内容

假设简单替换密码的密钥是一个由 26 个字母组成的随机序列,并且不对空格进行加密操作,那么编写程序,破解简单替换密码密文。

5.14.3 实验原理

通过简单替换密码的加密过程和解密过程可知,不可能使用暴力破解技术对它的密文进行破解,因为简单替换密码的密钥是一个由 26 个字母组成的随机序列,密钥总数是 26 的阶乘。在使用暴力破解技术破解密文时,会逐个测试每个可能的密钥是否可以解密密文。如果密钥正确,则解密结果为可读的英文文本。通过提前分析密文,可以减少可能的密钥数量,甚至可以找到完整的或部分密钥。因此,本实验借助字典数据类型,映射密文字母的可能的解密字母。

假设明文字符串主要由英文字典文件中的单词组成。尽管密文字符串不会由真正的英文单词组成,但它仍然包含被空格分隔的字母组,就像普通句子中的单词一样,这些单词称为密文单词。在简单替换密码中,字母表中的每个明文字母都对应一个唯一的加密字母,这些加密字母称为密文字母。在本实验中,每个明文字母都只能被加密为一个密文字母,并且明文字符串中的空格没有被加密。举例进行说明。明文字符串'MISSISSIPPI SPILL'对应的密文字符串可能是'RJBBJBBJXXJ BXJHH',明文字符串中的第一个单词和密文字符串中的第一个单词的字母数量相同,明文字符串中的第二个单词和密文字符串中的第二个单词的字母数量也相同。因此,明文字符串和密文字符串共享相同的单词模式和空格。此外,明文字符串中的重复字母与密文字符串中的重复字母有相同的重复次数和位置。因此,一个密文单词对应英文词典文件中的某个单词,并且密文单词和明文单词的单词模式匹配。如果可以在英文词典中找到这个密文单词对应的明文单词,就可以得到这个密文单词中每个密文字母的解密字母。使用这种方法找出足够多的密文字母的解密字母,可以提高解密整个密文字符串的概率。

下面举例进行说明,确定密文单词 HGHHU 的单词模式,该密文单词的特点如下。

- 有 5 个字母。
- 第 1 个、第 3 个、第 4 个字母相同。
- 有 3 个完全不同的字母,即第 1 个、第 2 个、第 5 个字母。

英文中有很多采用这种模式的单词,如 puppy、mommy、bobby、lulls 和 nanny,这些单词及英文词典文件中符合这种模式的其他单词都可能是密文单词 HGHHU 对应的明文单词。

为了以程序能够理解的方式表示单词的模式,将每个单词模式都表示成一组用句点分隔的数字。单词中的第一个字母使用数字 0 表示,后续不同字母对应的数字依次递增,相同字母对应的数字相同。例如,单词 classification 的单词模式是 0.1.2.3.3.4.5.4.0.2.6.4.7.8,

单词 cat 的单词模式是 0.1.2。在简单替换密码中，无论使用哪种密钥进行加密，明文单词和密文单词都具有相同的单词模式。密文单词 HGHHU 的单词模式是 0.1.0.0.2，表示它对应的明文单词的单词模式也是 0.1.0.0.2。

为了解密密文单词 HGHHU，需要在英文词典文件中找到所有与其具有相同单词模式的单词。我们将与密文单词具有相同单词模式的明文单词称为候选单词。根据候选单词，可以猜测密文字母的解密字母，我们将这些解密字母称为候选解密字母。要破解简单替换密码密文，需要找到密文字符串中每个单词的每个字母的所有候选解密字母，并且通过消除过程确定每个密文字母实际对应的解密字母。密文单词 HGHHU 中每个字母的候选解密字母如表 5-6 所示。

表 5-6　密文单词 HGHHU 中每个字母的候选解密字母

密文字母	H	G	H	H	U
候选解密字母	P	U	P	P	Y
	M	O	M	M	Y
	B	O	B	B	Y
	L	U	L	L	S
	N	A	N	N	Y

观察表 5-6，可以得出以下结论。

- H 的候选解密字母为 P、M、B、L 和 N。
- G 的候选解密字母为 U、O 和 A。
- U 的候选解密字母为 Y 和 S。

使用一个字典表示字母表中的所有字母及其候选解密字母列表。密文单词 HGHHU 只涉及 H、G、U 这 3 个密文字母，所以其他字母的候选解密字母列表为空。综上所述，得到以下字典。

```
{'A': [], 'B': [], 'C': [], 'D': [], 'E': [], 'F': [], 'G': ['U', 'O',
'A'],'H': ['P', 'M', 'B', 'L', 'N'], 'I': [], 'J': [], 'K': [], 'L': [], 'M':
[],'N': [], 'O': [], 'P': [], 'Q': [], 'R': [], 'S': [], 'T': [], 'U':
['Y','S'], 'V': [], 'W': [], 'X': [], 'Y': [], 'Z': []}
```

在破解密文时，程序会查找字母表中每个字母的候选解密字母。观察上面字典中的字母映射，可以发现，密文字母 U 只有 2 个候选解密字母。因为候选解密字母之间会有重叠，重叠越多，表示潜在解密字母越少，越容易弄清楚密文解密后的信息。如果通过交叉引用其他密文单词的密文映射，将一个密文字母的候选解密字母的数量减少到只有一个字母，就可以找到该密文字母对应的解密字母。即使不能解密所有密文字母，也可以解密大部分密文字母，从而解密大部分密文。

综上所述，简单替换密码密文的破解过程如下。

（1）确定密文字符串中每个密文单词的单词模式。

（2）确定每个密文单词的候选解密单词。

（3）创建一个字典，显示每个密文字母及其候选解密字母列表，作为每个密文单词的字母映射。

（4）将所有密文单词的字母映射合并成一个映射，将其称为相交映射。

（5）从相交映射中删除已解密的字母。

（6）使用解密字母破解密文字符串。

密文字符串中的密文单词越多，映射相互重叠的可能性就越大，每个密文字母的候选解密字母就越少。这意味着，在简单替换密码中，密文信息越长，越容易破解。

5.14.4 参考代码

（1）创建一个用于计算单词模式的 Python 文件 makeWordPatterns.py，参考代码如下：

```python
# makeWordPatterns.py
import pprint

def getWordPattern(word):
    # 返回指定单词的单词模式，如单词'DUSTBUSTER'的单词模式是'0.1.2.3.4.1.2.3.5.6'
    word = word.upper()
    nextNum = 0
    letterNums = {}
    wordPattern = []

    for letter in word:
        if letter not in letterNums:
            letterNums[letter] = str(nextNum)
            nextNum += 1
        wordPattern.append(letterNums[letter])
    return '.'.join(wordPattern)


def main():
    allPatterns = {}

    with open('dictionary.txt') as fo:
        wordList = fo.read().split('\n')

    for word in wordList:
        # 获取每个单词的单词模式
        pattern = getWordPattern(word)
        if pattern not in allPatterns:
            allPatterns[pattern] = [word]
```

```
        else:
            allPatterns[pattern].append(word)

    # 将单词模式字典存储为一个 Python 文件
    with open('wordPatterns.py', 'w') as fo:
        fo.write('allPatterns = ')
        fo.write(pprint.pformat(allPatterns))

if __name__ == '__main__':
    main()
```

运行以上代码，将得到一个新的 Python 文件 wordPatterns.py。该文件中存储着一个单词模式字典，该字典的键是单词模式，值是与每个单词模式匹配的单词列表。该字典中的单词模式及与之匹配的单词列表有 43127 行，它的前几行如图 5-3 所示。

```
allPatterns = {'0.0.1': ['EEL'],
 '0.0.1.2': ['EELS', 'OOZE'],
 '0.0.1.2.0': ['EERIE'],
 '0.0.1.2.3': ['AARON', 'LLOYD', 'OOZED'],
 '0.0.1.2.3.4': ['AARHUS', 'EERILY'],
 '0.0.1.2.3.4.5.5': ['EELGRASS'],
 '0.1.0': ['ADA',
          'BIB'
```

图 5-3   单词模式字典中的前几行单词模式及与之匹配的单词列表

在程序中导入 wordPatterns 模块，即可找到与已有单词模式匹配的所有单词，测试代码如下：

```
import wordPatterns
wordPatterns.allPatterns['0.1.2.1.3.4.5.4.6.7.8']
```

运行以上代码，运行结果如下：

```
['BENEFICIARY', 'HOMOGENEITY', 'MOTORCYCLES']
```

（2）编写破解简单替换密码密文的源程序文件 simpleSubHacker.py，参考代码如下：

```
# simpleSubHacker.py
import re
import copy
import string
import simpleSubCipher
import wordPatterns
import makeWordPatterns

LETTERS = string.ascii_uppercase
nonLettersOrSpacePattern = re.compile('[^A-Z\s]')
# 创建一个正则表达式模式对象
```

\# 使用该对象删除密文字符串中的所有非字母字符

```python
def main(message):
    # 开始密文的可能破解
    print('破解中...')
    letterMapping = hackSimpleSub(message)

    # 展示结果
    print('字母映射:')
    print(letterMapping)
    print()
    print('原始密文:')
    print(message)
    print()
    print('密文的可能破解是:')
    hackedMessage = decryptWithCipherletterMapping(message, letterMapping)
    print(hackedMessage)


def getBlankCipherletterMapping():
    # 返回一个空的密文字母映射字典
    return {letter:[] for letter in LETTERS}


def addLettersToMapping(letterMapping, cipherword, candidate):
    '''
```

参数 `letterMapping` 表示密文字母映射，采用一个字典数据类型，键是密文字母，值是相应的候选解密字母列表。

参数 `cipherword` 是代表密文单词的字符串。

参数 `candidate` 是密文单词的候选单词。

本函数的功能是将每个密文字母的候选解密字母都添加到密文字母映射字典中，如果候选单词中的字母已经在密文字母的候选解密字母列表中，则不需要添加。

假设 `len(cipherword)== len(candidate)`。

```python
    '''
    for i in range(len(cipherword)):
        if candidate[i] not in letterMapping[cipherword[i]]:
            letterMapping[cipherword[i]].append(candidate[i])


def intersectMappings(mapA, mapB):
    '''
```

本函数将两个密文字母映射字典 `mapA` 和 `mapB` 合并在一起，创建一个空的密文字母映射字典 `intersectedMapping`。

如果 `mapA[letter]` 和 `mapB[letter]` 中的其中一个为空，则将另一个映射相应字母的列表复制到新的密文字母映射字典 `intersectedMapping` 中。

如果两个映射相同密文字母的候选解密字母列表都不为空，则将它们共同的候选解密字母添加到新的密文字母映射字典 intersectedMapping 中。

在最终得到的合并密文字母映射字典中,所有密文字母的候选解密字母列表中应该只有mapA和mapB中的候选解密字母。
```
    '''
    intersectedMapping = getBlankCipherletterMapping()
    for letter in LETTERS:
        if mapA[letter] == []:
            # 空的列表意味着该密文字母可以被解密为任意一个字母
            intersectedMapping[letter] = copy.deepcopy(mapB[letter])
        elif mapB[letter] == []:
            intersectedMapping[letter] = copy.deepcopy(mapA[letter])
        else:
            # 如果该字母同时在 mapA[letter]和 mapB[letter]中
            # 则将其添加到 intersectedMapping [letter]中
            for mappedLetter in mapA[letter]:
                if mappedLetter in mapB[letter]:
                    intersectedMapping[letter].append(mappedLetter)

    return intersectedMapping

def removeSolvedLettersFromMapping(letterMapping):
    '''
```
本函数会在参数 letterMapping 中搜索所有只有一个候选解密字母的密文字母。

这些密文字母被认为是已破解的字母。因此,可以将该解密字母从其他密文字母的候选解密字母列表中删除。

这可能会引起连锁反应,因为在将一个候选解密字母从只包含两个候选解密字母的候选字母列表中删除时,那么这两个候选解密字母中的另一个就是相应密文字母的解密字母。

例如,如果'A'的候选解密字母列表为['M','N'],'B'的候选解密字母列表为['N'],那么可以确定,'B'的解密字母为'N',将'N'从'A'的候选解密字母列表中删除,现在'A'的候选解密字母列表中只剩下'M',也就是说,'A'的解密字母为'M',可以从其他密文字母的候选解密列表中删除'M',以此类推。

```
    '''
    loopAgain = True
    while loopAgain:
        # 只有当另一个密文字母被解密时，才会再次循环
        loopAgain = False
        # 列表 solvedLetters 中只存储字典 letterMapping 中有且仅有一个候选解密字母的密文字母
        solvedLetters = []
        for cipherletter in LETTERS:
            if len(letterMapping[cipherletter]) == 1:
```

```
                    solvedLetters.append(letterMapping[cipherletter][0])


        # 一个密文字母在被破解后，它的解密字母不可能是另一个密文字母的候选解密字母
        # 应该从其他密文字母的候选解密字母列表中删除这个解密字母
        for cipherletter in LETTERS:
            for s in solvedLetters:
                if len(letterMapping[cipherletter]) != 1 and s in letterMapping
[cipherletter]:
                    letterMapping[cipherletter].remove(s)
                    if len(letterMapping[cipherletter]) == 1:
                        # 新的密文字母被破解，需要重新循环
                        loopAgain = True
    return letterMapping


def hackSimpleSub(message):
    intersectedMap = getBlankCipherletterMapping()
    cipherwordList = nonLettersOrSpacePattern.sub('', message.upper()).split()
    # 将密文字符串中的非字母字符用空字符串''代替
    # 在列表 cipherwordList 中存储密文字符串 message 中的每个密文单词
    for cipherword in cipherwordList:
        # 为每个密文单词都创建字母映射
        candidateMap = getBlankCipherletterMapping()

        wordPattern = makeWordPatterns.getWordPattern(cipherword)
        if wordPattern not in wordPatterns.allPatterns:
            continue
            # 如果该密文单词模式不在单词模式字典中，则跳过
            # 有可能是人名或不常见的单词

        # 为密文单词的每个候选单词都创建字母映射
        for candidate in wordPatterns.allPatterns[wordPattern]:
            addLettersToMapping(candidateMap, cipherword, candidate)

        # 与已有的字母映射合并
        intersectedMap = intersectMappings(intersectedMap, candidateMap)

    # 从候选字母列表中删除已破解的字母
    return removeSolvedLettersFromMapping(intersectedMap)


def decryptWithCipherletterMapping(ciphertext, letterMapping):
    '''
```

使用 letterMapping 对密文 ciphertext 进行解密，将不确定的解密字母用 "_" 符号代替。
要破解密文，需要使用之前编写的简单替换密码的加密和解密函数。但是，加密和解密函数需要使用

密钥进行解密，所以需要将字母映射转换为密钥。

```
'''
# 首先创建一个占位符密钥，每个字母都用'x'代替
# 可以使用任意一个不是大写字母的字符作为占位符
# 因为不是所有字母都会被解密，所以需要区分密钥列表中已解密字母部分和未解密字母部分
# 'x'表示尚未解密的字母
key = ['x'] * len(LETTERS)
for cipherletter in LETTERS:
    if len(letterMapping[cipherletter]) == 1:
        # 如果密文字母只有一个候选解密字母，则将其添加到密钥中
        keyIndex = LETTERS.find(letterMapping[cipherletter][0])
        key[keyIndex] = cipherletter
    else:
        ciphertext = ciphertext.replace(cipherletter.lower(), '_')
        ciphertext = ciphertext.replace(cipherletter.upper(), '_')
key = ''.join(key)

# 对密文字符串进行解密
return simpleSubCipher.translate_message(ciphertext,key,'decrypt')
```

运行以上代码，然后使用下面的密文字符串进行测试。

```
message = 'Sy l nlx sr pyyacao l ylwj eiswi upar lulsxrj isr sxrjsxwjr, ia
esmm rwctjsxsza sj wmpramh, lxo txmarr jia aqsoaxwa sr pqaceiamnsxu, ia esmm
caytra jp famsaqa sj. Sy, px jia pjiac ilxo, ia sr pyyacao rpnajisxu eiswi
lyypcor l calrpx ypc lwjsxu sx lwwpcolxwa jp isr sxrjsxwjr, ia esmm lwwabj sj
aqax px jia rmsuijarj aqsoaxwa. Jia pcsusx py nhjir sr agbmlsxao sx jisr elh.
-Facjclxo Ctrramm'
main(message)
```

运行结果如下：

```
破解中...
字母映射:
{'A': ['E'], 'B': ['Y', 'P', 'B'], 'C': ['R'], 'D': [], 'E': ['W'], 'F': ['B',
'P'], 'G': ['B', 'Q', 'X', 'P', 'Y'], 'H': ['P', 'Y', 'K', 'X', 'B'], 'I':
['H'], 'J': ['T'], 'K': [], 'L': ['A'], 'M': ['L'], 'N': ['M'], 'O': ['D'],
'P': ['O'], 'Q': ['V'], 'R': ['S'], 'S': ['I'], 'T': ['U'], 'U': ['G'], 'V':
[], 'W': ['C'], 'X': ['N'], 'Y': ['F'], 'Z': ['Z']}

原始密文:
Sy l nlx sr pyyacao l ylwj eiswi upar lulsxrj isr sxrjsxwjr, ia esmm rwctjsxsza
sj wmpramh, lxo txmarr jia aqsoaxwa sr pqaceiamnsxu, ia esmm caytra jp famsaqa
sj. Sy, px jia pjiac ilxo, ia sr pyyacao rpnajisxu eiswi lyypcor l calrpx ypc
lwjsxu sx lwwpcolxwa jp isr sxrjsxwjr, ia esmm lwwabj sj aqax px jia rmsuijarj
```

aqsoaxwa. Jia pcsusx py nhjir sr agbmlsxao sx jisr elh. -Facjclxo Ctrramm

密文的可能破解是：

If a man is offered a fact which goes against his instincts, he will scrutinize it closel_, and unless the evidence is overwhelming, he will refuse to _elieve it. If, on the other hand, he is offered something which affords a reason for acting in accordance to his instincts, he will acce_t it even on the slightest evidence. The origin of m_ths is e__lained in this wa_. -_ertrand Russell

为了更好地理解用于破解简单替换密码密文的源程序，下面对源程序中的函数进行单独测试，并且观察它们的运行结果。

（1）运行以下代码，观察字母映射字典。

```
cipherword = 'OLQIHXIRCKGNZ'
letterMapping1= getBlankCipherletterMapping()
print(letterMapping1)

wordPt = getWordPattern(cipherword)
candidates = wordPatterns.allPatterns[wordPt]
print(candidates)

for candidate in candidates:
    addLettersToMapping(letterMapping1,cipherword,candidate)

print(letterMapping1)
```

以上代码的运行结果如下：

```
{'A': [], 'B': [], 'C': [], 'D': [], 'E': [], 'F': [], 'G': [], 'H': [], 'I':
[], 'J': [], 'K': [], 'L': [], 'M': [], 'N': [], 'O': [], 'P': [], 'Q': [], 'R':
[], 'S': [], 'T': [], 'U': [], 'V': [], 'W': [], 'X': [], 'Y': [], 'Z': []}
['UNCOMFORTABLE', 'UNCOMFORTABLY']
{'A': [], 'B': [], 'C': ['T'], 'D': [], 'E': [], 'F': [], 'G': ['B'], 'H':
['M'], 'I': ['O'], 'J': [], 'K': ['A'], 'L': ['N'], 'M': [], 'N': ['L'], 'O':
['U'], 'P': [], 'Q': ['C'], 'R': ['R'], 'S': [], 'T': [], 'U': [], 'V': [],
'W': [], 'X': ['F'], 'Y': [], 'Z': ['E', 'Y']}
```

程序首先创建空的字母映射字典，然后找到密文单词的候选单词，最后为密文单词中的每个密文字母建立字母映射，当密文单词为'PLQRZKBZB'时，得到如下结果（其中字母映射存储于字典变量 letterMapping2 中）。

```
{'A': [], 'B': [], 'C': [], 'D': [], 'E': [], 'F': [], 'G': [], 'H': [], 'I':
[], 'J': [], 'K': [], 'L': [], 'M': [], 'N': [], 'O': [], 'P': [], 'Q': [], 'R':
[], 'S': [], 'T': [], 'U': [], 'V': [], 'W': [], 'X': [], 'Y': [], 'Z': []}
['CONVERSES', 'INCREASES', 'PORTENDED', 'UNIVERSES']
```

```
{'A': [], 'B': ['S', 'D'], 'C': [], 'D': [], 'E': [], 'F': [], 'G': [], 'H':
[], 'I': [], 'J': [], 'K': ['R', 'A', 'N'], 'L': ['O', 'N'], 'M': [], 'N':
[], 'O': [], 'P': ['C', 'I', 'P', 'U'], 'Q': ['N', 'C', 'R', 'I'], 'R': ['V',
'R', 'T'], 'S': [], 'T': [], 'U': [], 'V': [], 'W': [], 'X': [], 'Y': [],
'Z': ['E']}
```

（2）运行以下代码，测试合并字母映射字典的函数。

```
intersect_Mapping = intersectMappings(letterMapping1,letterMapping2)
print(intersect_Mapping)
```

以上代码的运行结果如下：

```
{'A': [], 'B': ['S', 'D'], 'C': ['T'], 'D': [], 'E': [], 'F': [], 'G': ['B'],
'H': ['M'], 'I': ['O'], 'J': [], 'K': ['A'], 'L': ['N'], 'M': [], 'N': ['L'],
'O': ['U'], 'P': ['C', 'I', 'P', 'U'], 'Q': ['C'], 'R': ['R'], 'S': [], 'T':
[], 'U': [], 'V': [], 'W': [], 'X': ['F'], 'Y': [], 'Z': ['E']}
```

根据以上运行结果可知，在合并后的字母映射字典中，每个密文字母的候选解密字母只能是同时在 letterMapping1 和 letterMapping2 中的字母。同样地，当密文单词为'MPBKSSIPLC'时，重复以上过程，参考代码如下：

```
cipherword = 'MPBKSSIPLC'
letterMapping3 = getBlankCipherletterMapping()
print(letterMapping3)

wordPt = getWordPattern(cipherword)
candidates = wordPatterns.allPatterns[wordPt]
print(candidates)

for candidate in candidates:
    addLettersToMapping(letterMapping3,cipherword,candidate)

print(letterMapping3)
```

以上代码的运行结果如下：

```
{'A': [], 'B': [], 'C': [], 'D': [], 'E': [], 'F': [], 'G': [], 'H': [], 'I':
[], 'J': [], 'K': [], 'L': [], 'M': [], 'N': [], 'O': [], 'P': [], 'Q': [], 'R':
[], 'S': [], 'T': [], 'U': [], 'V': [], 'W': [], 'X': [], 'Y': [], 'Z': []}
['ADMITTEDLY', 'DISAPPOINT']
{'A': [], 'B': ['M', 'S'], 'C': ['Y', 'T'], 'D': [], 'E': [], 'F': [], 'G':
[], 'H': [], 'I': ['E', 'O'], 'J': [], 'K': ['I', 'A'], 'L': ['L', 'N'], 'M':
['A', 'D'], 'N': [], 'O': [], 'P': ['D', 'I'], 'Q': [], 'R': [], 'S': ['T',
'P'], 'T': [], 'U': [], 'V': [], 'W': [], 'X': [], 'Y': [], 'Z': []}
```

（3）将 intersect_Mapping 和 letterMapping3 合并，参考代码如下：

```
intersect_Mapping = intersectMappings(intersect_Mapping,letterMapping3)
print(intersect_Mapping)
```

以上代码的运行结果如下：

```
{'A': [], 'B': ['S'], 'C': ['T'], 'D': [], 'E': [], 'F': [], 'G': ['B'], 'H':
['M'], 'I': ['O'], 'J': [], 'K': ['A'], 'L': ['N'], 'M': ['A', 'D'], 'N':
['L'], 'O': ['U'], 'P': ['I'], 'Q': ['C'], 'R': ['R'], 'S': ['T', 'P'], 'T':
[], 'U': [], 'V': [], 'W': [], 'X': ['F'], 'Y': [], 'Z': ['E']}
```

根据以上运行结果，可以破解只有一个候选解密字母的密文字母。

（4）测试一下如何从候选解密字母列表中移除已破解的密文字母的解密字母，参考代码如下：

```
letterMapping = removeSolvedLettersFromMapping(intersect_Mapping)
print(letterMapping)
```

以上代码的运行结果如下：

```
{'A': [], 'B': ['S'], 'C': ['T'], 'D': [], 'E': [], 'F': [], 'G': ['B'], 'H':
['M'], 'I': ['O'], 'J': [], 'K': ['A'], 'L': ['N'], 'M': ['D'], 'N': ['L'],
'O': ['U'], 'P': ['I'], 'Q': ['C'], 'R': ['R'], 'S': ['P'], 'T': [], 'U': [],
'V': [], 'W': [], 'X': ['F'], 'Y': [], 'Z': ['E']}
```

根据以上运行结果可知，密文字母'M'和'S'的候选解密字母变为 1 个了，也就是已被破解。

（5）测试如何从字母映射字典中得到解密密钥，参考代码如下：

```
ciphertext = 'OLQIHXIRCKGNZ PLQRZKBZB MPBKSSIPLC'
translated = decryptWithCipherletterMapping(ciphertext,letterMapping)
print(translated)
```

以上代码的运行结果如下：

```
UNCOMFORTABLE INCREASES DISAPPOINT
```

（6）修改字母映射字典 letterMapping，查看密文字母无法破解的情况，参考代码如下：

```
letterMapping['M'] = []
letterMapping['S'] = []

translated = decryptWithCipherletterMapping(ciphertext,letterMapping)
print(translated)
```

以上代码的运行结果如下：

```
UNCOMFORTABLE INCREASES _ISA__OINT
```

观察以上运行结果，可以看出部分密文字母没有被破解成功，用"_"符号代替了解密字母。

综上所述，我们使用一个只包含 3 个密文单词的简单密文，测试了 simpleSubHacker.py 中每个函数的输出结果。在通常情况下，密文字符串很长，可以找到大部分密文字母的解密字母。当然，也可以进一步修改字符集，使加密程序对空格、数字、标点符号等进行加密。相应地，破解过程也会变得更加复杂。

5.15 维吉尼亚密码的加密过程和解密过程

5.15.1 实验目的

（1）掌握字符串方法 index()和 join()的使用方法。
（2）掌握字典的创建和使用方法。
（3）掌握字符串的切片操作。
（4）理解维吉尼亚密码的加密过程和解密过程。

5.15.2 实验内容

编写程序，实现维吉尼亚密码的加密过程和解密过程。

5.15.3 实验原理

维吉尼亚密码是一种使用一系列凯撒密码组成的密码字母表的加密算法，属于多表密码的一种简单形式。在一个凯撒密码中，字母表中的每个字母都会进行一定的偏移。例如，当偏移量为 3 时，'A'会转换为'D'，'B'会转换为'E'，以此类推。维吉尼亚密码是由一系列偏移量不同的凯撒密码组成的。要生成维吉尼亚密码，需要使用表格法。表格中包含 26 行字母，每一行字母都由前一行字母向左偏移一位得到，具体使用哪一行字母进行编码是由密钥决定的。密钥在加密过程中会不断地变换。

维吉尼亚密码表格如图 5-4 所示。该表格中的第一行字母表示明文字符串中的字母，后面每一行字母都表示明文分别由哪些字母代替，也就是说，每一行字母都表示一套凯撒密码加密方法。一共有 26 个字母，有 26 套代替方法，所以该表格的大小为 26×26。

说明：在图 5-4 中，维吉尼亚密码表格中的字母都是大写字母，在输入或输出时，可以进行大小写转换，使明文和密文在相同位置的字母大小写保持一致。

使用数字 0～25 代替字母 A～Z，维吉尼亚密码的加密算法和解密算法可以写成如下形式。

加密算法：$C_i = (P_i + K_i) \% 26$

解密算法：$P_i = (C_i - K_i) \% 26$

	A	B	C	D	E	F	G	H	I	J	K	L	M	N	O	P	Q	R	S	T	U	V	W	X	Y	Z
A	A	B	C	D	E	F	G	H	I	J	K	L	M	N	O	P	Q	R	S	T	U	V	W	X	Y	Z
B	B	C	D	E	F	G	H	I	J	K	L	M	N	O	P	Q	R	S	T	U	V	W	X	Y	Z	A
C	C	D	E	F	G	H	I	J	K	L	M	N	O	P	Q	R	S	T	U	V	W	X	Y	Z	A	B
D	D	E	F	G	H	I	J	K	L	M	N	O	P	Q	R	S	T	U	V	W	X	Y	Z	A	B	C
E	E	F	G	H	I	J	K	L	M	N	O	P	Q	R	S	T	U	V	W	X	Y	Z	A	B	C	D
F	F	G	H	I	J	K	L	M	N	O	P	Q	R	S	T	U	V	W	X	Y	Z	A	B	C	D	E
G	G	H	I	J	K	L	M	N	O	P	Q	R	S	T	U	V	W	X	Y	Z	A	B	C	D	E	F
H	H	I	J	K	L	M	N	O	P	Q	R	S	T	U	V	W	X	Y	Z	A	B	C	D	E	F	G
I	I	J	K	L	M	N	O	P	Q	R	S	T	U	V	W	X	Y	Z	A	B	C	D	E	F	G	H
J	J	K	L	M	N	O	P	Q	R	S	T	U	V	W	X	Y	Z	A	B	C	D	E	F	G	H	I
K	K	L	M	N	O	P	Q	R	S	T	U	V	W	X	Y	Z	A	B	C	D	E	F	G	H	I	J
L	L	M	N	O	P	Q	R	S	T	U	V	W	X	Y	Z	A	B	C	D	E	F	G	H	I	J	K
M	M	N	O	P	Q	R	S	T	U	V	W	X	Y	Z	A	B	C	D	E	F	G	H	I	J	K	L
N	N	O	P	Q	R	S	T	U	V	W	X	Y	Z	A	B	C	D	E	F	G	H	I	J	K	L	M
O	O	P	Q	R	S	T	U	V	W	X	Y	Z	A	B	C	D	E	F	G	H	I	J	K	L	M	N
P	P	Q	R	S	T	U	V	W	X	Y	Z	A	B	C	D	E	F	G	H	I	J	K	L	M	N	O
Q	Q	R	S	T	U	V	W	X	Y	Z	A	B	C	D	E	F	G	H	I	J	K	L	M	N	O	P
R	R	S	T	U	V	W	X	Y	Z	A	B	C	D	E	F	G	H	I	J	K	L	M	N	O	P	Q
S	S	T	U	V	W	X	Y	Z	A	B	C	D	E	F	G	H	I	J	K	L	M	N	O	P	Q	R
T	T	U	V	W	X	Y	Z	A	B	C	D	E	F	G	H	I	J	K	L	M	N	O	P	Q	R	S
U	U	V	W	X	Y	Z	A	B	C	D	E	F	G	H	I	J	K	L	M	N	O	P	Q	R	S	T
V	V	W	X	Y	Z	A	B	C	D	E	F	G	H	I	J	K	L	M	N	O	P	Q	R	S	T	U
W	W	X	Y	Z	A	B	C	D	E	F	G	H	I	J	K	L	M	N	O	P	Q	R	S	T	U	V
X	X	Y	Z	A	B	C	D	E	F	G	H	I	J	K	L	M	N	O	P	Q	R	S	T	U	V	W
Y	Y	Z	A	B	C	D	E	F	G	H	I	J	K	L	M	N	O	P	Q	R	S	T	U	V	W	X
Z	Z	A	B	C	D	E	F	G	H	I	J	K	L	M	N	O	P	Q	R	S	T	U	V	W	X	Y

图 5-4　维吉尼亚密码表格

其中，*P* 表示明文字母，*K* 表示密钥字母，*C* 表示密文字母，*i* 表示相应的下标。如果密钥长度不足，那么循环代替。例如，要使用维吉尼亚密码加密明文字符串"Common sense is not so common."，设置密钥为"PIZZA"，加密后得到的密文字符串是"Rwlloc admst qr moi an bobunm."。在进行维吉尼亚密码加密前和加密后，明文、密钥、密文中的字母在字母表中的下标如图 5-5 所示。

C (2)	P (15)	→	R (17)
O (14)	I (8)	→	W (22)
M (12)	Z (25)	→	L (11)
M (12)	Z (25)	→	L (11)
O (14)	A (0)	→	O (14)
N (13)	P (15)	→	C (2)
S (18)	I (8)	→	A (0)
E (4)	Z (25)	→	D (3)
N (13)	Z (25)	→	M (12)
S (18)	A (0)	→	S (18)
E (4)	P (15)	→	T (19)
I (8)	I (8)	→	Q (16)
S (18)	Z (25)	→	R (17)
N (13)	Z (25)	→	M (12)
O (14)	A (0)	→	O (14)
T (19)	P (15)	→	I (8)
S (18)	I (8)	→	A (0)
O (14)	Z (25)	→	N (13)
C (2)	Z (25)	→	B (1)
O (14)	A (0)	→	O (14)
M (12)	P (15)	→	B (1)
M (12)	I (8)	→	U (20)
O (14)	Z (25)	→	N (13)
N (13)	Z (25)	→	M (12)

图 5-5　明文、密钥和密文中的字母在字母表中的下标

根据同余定理可知，解密算法 $P_i = (C_i - K_i)\ \%\ 26$ 和 $P_i = (C_i + 26 - K_i)\ \%\ 26$ 等价。所

以，可以使用新的密钥 $26 - K_i$ 对密文字符串进行加密，从而得到明文字符串。也就是说，加密过程和解密过程可以使用同一个函数实现。

5.15.4 参考代码

参考代码如下：

```python
# vigenereCipher.py
import string
from itertools import cycle


# 创建密码表
# 字典的键是字母表中的字母，值是一套凯撒密码加密方法
password_table = dict()
# 要替换的字符集
uppercase = string.ascii_uppercase
for ch in uppercase:
    # 找到 ch 在字符串中第一次出现的位置
    index = uppercase.index(ch)
    password_table[ch] = uppercase[index:] + uppercase[:index]

# 创建解密密钥
def decrypt_key(key):
    # 创建解密密码表
    decrypt_table = {}
    for ch in uppercase:
        ch_index = uppercase.index(ch)
        decrypt_table[ch] = uppercase[(len(uppercase)-ch_index) % len(uppercase)]
    return ''.join([decrypt_table[i] for i in key])

# 加密/解密
def encrypt(message, key):
    result = []
    # 创建 cycle 对象，支持密钥字母的循环使用
    key_cycle = cycle(key)
    for current_ch in message:
        if 'A' <= current_ch <= 'Z' or 'a' <= current_ch <= 'z':
            ch_index = uppercase.index(current_ch.upper())
            current_key = next(key_cycle)
            if current_ch in uppercase:
                result.append(password_table[current_key][ch_index])
            else:
```

```
                result.append(password_table[current_key][ch_index].lower())
        else:
            # 不在字符集中的字符原样输出
            result.append(current_ch)
    return ''.join(result)

# 测试
message = "Common sense is not so common."
key = "PIZZA"
cipher_text = encrypt(message,key)

print("加密前的文本是：", message)
print("加密后的文本是：", cipher_text)

print("解密密文的密钥是：", decrypt_key(key))
print("解密后的文本是：", encrypt(cipher_text, decrypt_key(key)))
```

运行以上代码，运行结果如下：

```
加密前的文本是：  Common sense is not so common.
加密后的文本是：  Rwlloc admst qr moi an bobunm.
解密密文的密钥是：  LSBBA
解密后的文本是：  Common sense is not so common.
```

5.16　字母频率分析

5.16.1　实验目的

（1）掌握字典的创建和使用方法。

（2）熟练使用条件语句和循环语句。

（3）理解字母频率分析的原理。

5.16.2　实验内容

编写程序，对字符串进行字母频率分析，并且输出频率匹配分数。

5.16.3　实验原理

英语字母表中有 26 个字母，但是每个字母在英文文本中出现的频率都不一样。根据维基百科给出的字母频率 26 个字母进行排序，从高到低依次为 ETAOINSHRDLCUMWFGYPBVKJXQZ，这里，我们将该排序字母简称为 ETAOIN。在明文 plaintext 和密文 ciphertext 中计算字母总数和它们出现的频率称为字母频率分析。字母频率分析可以帮助我们破解一些密文，如维吉尼亚密码密文。对于这些密文，不能通过分析单词进行破解，因为密文中的单词可能是使用多个子密钥进行加密的。因此，还需要分析每个子密钥的加密文本的字母频率。

使用频率匹配分数（Fequency Match Score）进行字母频率分析，具体过程如下。

（1）计算密文中每个字母出现的频率，并且将其按照从高到低的顺序排序。

（2）查看前 6 个字母和后 6 个字母是否出现在 ETAOIN 中的前 6 个字母处和后 6 个字母处。

（3）一共出现几个字母，频率匹配分数就是几。因此，频率匹配分数的取值范围为 0～12，并且是整数。

下面举例进行说明。一段密文如下："I rc ascwuiluhnviwuetnh,osgaa ice tipeeeee slnatsfietgi tittynecenisl. e fo f fnc isltn sn o a yrs sd onisli ,l erglei trhfmwfrogotn,l stcofiit.aea wesn,lnc ee w,l eIh eeehoer ros iol er snh nl oahsts ilasvih tvfeh rtira id thatnie.im ei-dlmf i thszonsisehroe, aiehcdsanahiec gv gyedsB affcahiecesd d lee onsdihsoc nin cethiTitx eRneahgin r e teom fbiotd n ntacscwevhtdhnhpiwru"。统计每个字母出现的频率，并且将其按照从高到低的顺序排序：EISNTHAOCLRFDGWVMUYB PZXQJK。前 6 个字母中出现了 E、I、N 和 T，后 6 个字母中出现了 K、J、X、Q 和 Z，所以频率匹配分数是 9。

5.16.4 参考代码

参考代码如下：

```
# freqAnalysis.py

import string

ETAOIN = "ETAOINSHRDLCUMWFGYPBVKJXQZ"
LETTERS = string.ascii_uppercase  # 字符集

def get_letter_count(message):
    """
    参数说明如下。
    - message: 字符串。
    返回值说明如下。
    -字典，键是单个字母，值是字母出现的频数。
    """
    # 创建一个字典，字典的键是字符集中的字母，值是 0
    letter_count = dict(zip(LETTERS, 26 * [0]))
    message = message.upper()       # 字符集中的字母是大写，对参数字符串要进行大写转换
    for letter in message:
        if letter in LETTERS:
            letter_count[letter] += 1
```

```
    return letter_count

def get_frequency_order(message):
    """
```
参数说明如下。
　　- message：字符串。
返回值说明如下。
- 将 message 中的字母按照出现频率从高到低排序的字符串。其中，频率相同的字母按照 ETAOIN 中的字母顺序进行排序。
```
    """

    # 第一步，获取{字母:频数}字典
    letter_to_freq = get_letter_count(message)
    # 形如{'A': 135, 'C': 74, 'B': 30, 'E': 196}

    # 第二步，获取{频数:字母列表}字典
    # 因为有些字母出现的频数可能相同
    freq_to_letters = {}
    # 形如{41: ['A'], 2: ['B', 'F'], 14: ['C'], 0: ['D', 'K', 'V']}
    for letter in LETTERS:
        if letter_to_freq[letter] not in freq_to_letters:
            freq_to_letters[letter_to_freq[letter]] = [letter]
        else:
            freq_to_letters[letter_to_freq[letter]].append(letter)

    # 第三步，将频数相同的字母列表按照 ETAOIN 中的字母顺序进行排序，然后将其转换为字符串
    # 这样可以保证频数相同的字母输出一致
    for freq in freq_to_letters:
        freq_to_letters[freq].sort(key=ETAOIN.find, reverse=True)
        # 不是调用函数，而是将函数本身作为值传入，所以没有“()”
        freq_to_letters[freq] = ''.join(freq_to_letters[freq])
    # 形如：{41: 'A', 2: 'BF', 14: 'C', 0: 'KVD'}

    # 第四步，将 freq_to_letters 字典转换为一个元组的列表[(freq,letters),...]
    # 然后按照元组的第 1 项排序
    freq_pairs = list(freq_to_letters.items())
    freq_pairs.sort(key=lambda x: x[0], reverse=True)
    # 形如：[(41, 'A'), (36, 'S'), (26, 'R')]

    # 第五步，字母按照频数排好序了，将其提取为字符串
    freq_order = []
    for item in freq_pairs:
        freq_order.append(item[1])
```

```
    return ''.join(freq_order)

def english_freq_match_score(message):
    """
```
将 message 中的字母按照频数从高到低的顺序排序，然后将出现频数最高的前 6 个字母和出现频数最低的后 6 个字母分别与 ETAOIN 中的前 6 个字母和后 6 个字母进行匹配，如果匹配，则将 match_score 的值加 1。
```
    """
    freq_order = get_frequency_order(message)
    match_score = 0
    for common_letter in ETAOIN[:6]:
        if common_letter in freq_order[:6]:
            match_score += 1
    for uncommon_letter in ETAOIN[-6:]:
        if uncommon_letter in freq_order[-6:]:
            match_score += 1
    return match_score
```

运行以上代码，然后使用以下密文字符串进行测试。

```
# 测试函数
message = "I rc ascwuiluhnviwuetnh,osgaa ice tipeeeee slnatsfietgi tittynecenisl.
e fo f fnc isltn sn o a yrs sd onisli ,l erglei trhfmwfrogotn,l  stcofiit.aea
wesn,lnc ee w,l eIh eeehoer ros  iol er snh nl oahsts  ilasvih  tvfeh rtira id
thatnie.im ei-dlmf i  thszonsisehroe, aiehcdsanahiec  gv gyedsB affcahiecesd d
lee  onsdihsoc nin cethiTitx  eRneahgin r e teom fbiotd n  ntacscwevhtdhnhpiwru"
print(english_freq_match_score(message))
```

以上代码的运行结果为 9。

5.17　维吉尼亚密码密文的破解——字典攻击方法

5.17.1　实验目的

（1）了解字典攻击方法。

（2）掌握字符串方法 strip() 的使用方法。

（3）熟练使用条件语句和循环语句。

（4）掌握函数的定义和使用方法。

5.17.2　实验内容

编写程序，使用字典攻击方法破解维吉尼亚密码密文。

5.17.3　实验原理

破解维吉尼亚密码密文的方法有两种。一种方法是使用字典攻击方法，尝试将字典文件中的每个单词作为密钥，该方法只有当密钥是英文单词（如 RAVEN、DESK）时才有效。另一种方法是 19 世纪数学家查尔斯·巴贝奇（Charles Babbage）使用的方法。查尔斯·巴贝奇认为密钥是一组随机字母，如 VUWFE、PNFJ。本实验使用字典攻击方法破解维吉尼亚密码密文，具体过程如下。

（1）尝试将字典文件 dictionary.txt 中的每个单词都作为维吉尼亚密码密文的加密密钥，根据之前实现的维吉尼亚密码的加密过程和解密过程，计算出解密密钥。

（2）根据解密密钥对维吉尼亚密码密文进行破解。

（3）利用之前实现的英文文本检测程序查看破解得到的文本是否为可读的英文文本，如果是，则结束程序，否则测试下一个单词。

5.17.4　参考代码

参考代码如下：

```
import detectEnglish
import vigenereCipher

def main(ciphertext):
    hackedMessage = hackVigenereDictionary(ciphertext)
    if hackedMessage != None:
        print(hackedMessage)
    else:
        print('破解密文失败')

def hackVigenereDictionary(ciphertext):
    with open('dictionary.txt') as fo:
        words_list = fo.readlines()

    for word in words_list:
        # 删除末尾的换行符 "\n"
        word = word.strip()
        decryptedText = vigenereCipher.encrypt(ciphertext, vigenereCipher.
decrypt_key(word))
        if detectEnglish.is_english(decryptedText, word_percentage=40):
            # 用户检查是否找到解密密钥
            print()
            print('可能的破解:')
            print('密钥 ' + str(word) + ': ' + decryptedText[:100])
            print()
```

```
            print('输入"D"结束，或者按回车键继续破解:')
            response = input('> ')

            if response.upper().startswith('D'):
                return decryptedText
```

运行以上代码，并且使用以下代码进行测试。

```
ciphertext = """Tzx isnz eccjxkg nfq lol mys bbqq I lxcz."""
main(ciphertext)
```

运行结果如下：

```
可能的破解：
密钥 ASTROLOGY: The recl yecrets crk not the qnks I tell.

输入"D"结束，或者按回车键继续破解:
>

可能的破解：
密钥 ASTRONOMY: The real secrets are not the ones I tell.

输入"D"结束，或者按回车键继续破解:
> d
The real secrets are not the ones I tell.
```

5.18　维吉尼亚密码密文的破解——卡西斯基测试方法

5.18.1　实验目的

（1）掌握字符串、列表、字典、元组的创建和使用方法。

（2）熟练使用条件语句和循环语句。

（3）掌握函数的定义和使用方法。

（4）理解卡西斯基测试方法。

5.18.2　实验内容

编写程序，使用卡西斯基测试方法，破解维吉尼亚密码密文。

5.18.3　实验原理

19 世纪数学家查尔斯·巴贝奇破解了维吉尼亚密码密文，但是他没有公布结果。后来他的方法被 20 世纪初期的数学家卡西斯基（Kasiski）公布出来，所以该方法称为卡西斯基测试（Kasiski Examination）。

使用卡西斯基测试可以确定维吉尼亚密码密文的密钥长度。在破解维吉尼亚密码密文前，并不知道密钥长度，但密钥其实只有一个。密钥可以像滑窗一样对明文进行加密。英文中有很多重复的单词，如 the、for、so 等，如果在一段密文字符串中发现两个相同的子字符串，那么二者之间的距离很有可能是密钥的长度。多发现几段相同的子字符串，求它们之间间隔的因数，即可大致确定密钥的长度。在确定密钥长度后，维吉尼亚密码相当于退化成一个移位密码，这时可以使用破解凯撒密码密文的方法破解维吉尼亚密码密文。

确定密钥长度的步骤如下。

（1）在密文字符串中找出拼写完全相同的子字符串，数这些相同子字符串之间间隔的字母数。

假设密文字符串为"Ppqca xqvekg ybnkmazu ybngbal jon i tszm jyim. Vrag voht vrau c tksg. Ddwuo xitlazu vavv raz c vkb qp iwpou."，移除非字母字符，并且将其转换为大写格式，得到字符串 "PPQCAXQVEKG**YBN**KM**AZU**Y**BN**GBALJONITSZMJYIM**VRA**GVOHT**VRA**UCTKSG DDWUOXITL**AZU**VAV**VRA**ZCVKBQPIWPOU"。观察处理后的密文字符串，可以发现，"VRA"、"AZU"和"YBN"是重复序列。找到这些序列之间的间距，具体如下：

- 第一个"VRA"和第二个"VRA"之间间隔 8 个字母。
- 第二个"VRA"和第三个"VRA"之间间隔 24 个字母。
- 第一个"VRA"和第三个"VRA"之间间隔 32 个字母。
- 第一个"AZU"和第二个"AZU"之间间隔 48 个字母。
- 第一个"YBN"和第二个"YBN"之间间隔 8 个字母。

（2）找到间隔之间的因数。

- 8 的因数有 2、4、8。
- 24 的因数有 2、3、4、6、8、12、24。
- 32 的因数有 2、4、8、16、32。
- 48 的因数有 2、3、4、6、8、12、16、24、48。

次数出现最多的几个因数极有可能就是密钥的长度，即 2、4、8。

（3）将密文字符串按照密钥长度进行分组，并且获取每组中的第 N 个字母。

假设密钥长度为 4，将密文字符串按每 4 个字母为一组分开，提取字母。第 1 个字母的下标分别为 0、4、8……第 2 个字母的下标分别为 1、5、9……第 3 个字母的下标分别为 2、6、10……第 4 个字母的下标分别为 3、7、11……这样提取出 4 个字符串，然后对这 4 个字符串按照破解凯撒密码密文的方法进行字母频率分析，计算频率匹配分数。如果卡西斯基测试猜测的密钥长度是正确的，那么密钥中的第一个字母对明文字符串加密后得到的就是第一个子字符串；密钥的第二个字母对明文字符串加密后得到的就是第二个子字符串；

以此类推。对于步骤（1）中处理后的密文字符串**"PPQCAXQVEKGYBNKMAZUY BNGBALJONITSZMJYIMVRAGVOHTVRAUCTKSGDDWUOXITLAZUVAVVRAZCVKB QPIWPOU"**，提取得到以下 4 个子字符串。

- "PAEBABANZIAHAKDXAAAKIU"。
- "PXKNZNLIMMGTUSWIZVZBW"。
- "QQGKUGJTJVVVCGUTUVCQP"。
- "CVYMYBOSYRORTDOLVRVPO"。

（4）通过字母频率分析破解步骤（3）中得到的子字符串，破解密钥中的每个字母。

假设子密钥从 26 个字母中选取，对步骤（3）中得到的每个子字符串进行解密，计算频率匹配分数，选取分数最高的几个字母，就是可能的子密钥。以第一个子字符串为例，利用之前实现的字母频率分析程序，查看密钥中第一个位置可能的字母，参考代码如下：

```
import string
import freqAnalysis
import vigenereCipher

ciphertext = 'PAEBABANZIAHAKDXAAAKIU'
#ciphertext = 'PXKNZNLIMMGTUSWIZVZBW'
#ciphertext = 'QQGKUGJTJVVVCGUTUVCQP'
#ciphertext = 'CVYMYBOSYRORTDOLVRVPO'
for subkey in string.ascii_uppercase:
    decryptedMessage=vigenereCipher.encrypt(ciphertext, vigenereCipher.decrypt_key
(subkey))
    print(subkey,decryptedMessage,freqAnalysis.english_freq_match_score
(decryptedMessage))
```

运行以上代码，运行结果如表 5-7 所示。

表 5-7　解密第一个子字符串并计算频率匹配分数

子密钥	解密第一个子字符串	频率匹配分数
'A'	'PAEBABANZIAHAKDXAAAKIU'	2
'B'	'OZDAZAZMYHZGZJCWZZZJHT'	1
'C'	'NYCZYZYLXGYFYIBVYYYIGS'	1
'D'	'MXBYXYXKWFXEXHAUXXXHFR'	0
'E'	'LWAXWXWJVEWDWGZTWWWGEQ'	1
'F'	'KVZWVWVIUDVCVFYSVVVFDP'	0
'G'	'JUYVUVUHTCUBUEXRUUUECO'	1
'H'	'ITXUTUTGSBTATDWQTTTDBN'	1
'I'	'HSWTSTSFRASZSCVPSSSCAM'	2
'J'	'GRVSRSREQZRYRBUORRRBZL'	0
'K'	'FQURQRQDPYQXQATNQQQAYK'	1

续表

子密钥	解密第一个子字符串	频率匹配分数
'L'	'EPTQPQPCOXPWPZSMPPPZXJ'	0
'M'	'DOSPOPOBNWOVOYRLOOOYWI'	1
'N'	'CNRONONAMVNUNXQKNNNXVH'	2
'O'	'BMQNMNMZLUMTMWPJMMMWUG'	1
'P'	'ALPMLMLYKTLSLVOILLLVTF'	1
'Q'	'ZKOLKLKXJSKRKUNHKKKUSE'	0
'R'	'YJNKJKJWIRJQJTMGJJJTRD'	1
'S'	'XIMJIJIVHQIPISLFIIISQC'	1
'T'	'WHLIHIHUGPHOHRKEHHHRPB'	1
'U'	'VGKHGHGTFOGNGQJDGGGQOA'	1
'V'	'UFJGFGFSENFMFPICFFFPNZ'	1
'W'	'TEIFEFERDMELEOHBEEEOMY'	2
'X'	'SDHEDEDQCLDKDNGADDDNLX'	2
'Y'	'RCGDCDCPBKCJCMFZCCCMKW'	0
'Z'	'QBFCBCBOAJBIBLEYBBBLJV'	0

同样地，对其他 3 个子字符串进行相同的操作，得到密钥每个位置处可能的字母如下。

- 加密第 1 个字符串的最可能的子密钥是 A、I、N、W、X。
- 加密第 2 个字符串的最可能的子密钥是 I、Z。
- 加密第 3 个字符串的最可能的子密钥是 C。
- 加密第 4 个字符串的最可能的子密钥是 K、N、R、V、Y。

接下来，将这些子密钥组合，得到加密密钥，如 AICK、AICN、AICR 等，然后使用暴力破解技术对密文字符串进行破解。可能的加密密钥一共有 50（5×2×1×5）种，所以只需测试 50 次。

5.18.4 参考代码

参考代码如下：

```
# vigenereHacker.py
import string, itertools, re
import freqAnalysis
import vigenereCipher
import detectEnglish


LETTERS = string.ascii_uppercase
# 如果设置为 True，那么程序不会打印中间尝试破解的结果
SILENT_MODE = False
# 每个子密钥都会测试这么多字母
```

```
NUM_MOST_FREQ_LETTERS = 4
# 密钥长度不超过这个值
MAX_KEY_LENGTH = 16
# 匹配除大写字母外的任意一个字符
NON_LETTERS_PATTERN = re.compile('[^A-Z]')


def find_repeat_sequences_spacings(message):
    """
    遍历 message，找到 3～5 个字母长度的重复序列。
    返回一个字典，键是序列，值是序列间隔（重复序列之间间隔的字母数）构成的列表。
    """
    # 使用一个正则表达式移除 message 中的非字母字符（将它们用空字符替换）
    message = NON_LETTERS_PATTERN.sub('', message.upper())

    seq_spacings = {}
    # 键是序列，值是序列间隔构成的列表
    for seq_len in range(3,6):
        for seq_start in range(len(message)-seq_len):
            # 将序列存储于 seq 中
            seq = message[seq_start:seq_start+seq_len]
            # 在 message 后的子字符串中寻找 seq
            for i in range(seq_start+seq_len,len(message)-seq_len):
                if message[i:i+seq_len] == seq:
                    # 找到一个重复序列
                    if seq not in seq_spacings:
                        seq_spacings[seq] = []
                    # 将找到的重复序列和原始序列之间的间隔添加到列表中
                    seq_spacings[seq].append(i-seq_start)
    return seq_spacings

def get_useful_factors(num):
    """
    返回 num 的因子列表，num = m*n, m 小于 MAX_KEY_LENGTH+1 且不为 1
    """
    if num < 2:
        return []

    factors = []

    for i in range(2, MAX_KEY_LENGTH+1):
        if num % i == 0:
            factors.append(i)
```

```
                factors.append(num // i)
        if 1 in factors:
            factors.remove(1)
        # 移除重复的因子
        return list(set(factors))


def get_most_common_factors(seq_factors):
    # 首先，数一下每个因子出现的次数
    factor_counts = {}
    # 字典的键是因子，值是因子出现的次数
    # seq_factors：键是序列，值是序列间隔构成的列表
    # 如 {'GFD':[2,3,4,6,9,12],'ALW':[2,3,4,6,12]}
    for seq in seq_factors:
        factor_list = seq_factors[seq]
        for factor in factor_list:
            factor_counts[factor] = factor_counts.get(factor, 0) + 1


    # 其次，将因子及其出现的次数转换为元组，并且进行排序
    factors_by_count = []
    for factor in factor_counts:
        if factor <= MAX_KEY_LENGTH:
            factors_by_count.append( (factor,factor_counts[factor]) )
    factors_by_count.sort(key=lambda x: x[1],reverse=True)
    return factors_by_count


def kasiski_examination(ciphertext):
    # 找到长度为 3～5 的重复序列之间的间隔
    repeated_seq_spacings = find_repeat_sequences_spacings(ciphertext)
    seq_factors = {}
    for seq in repeated_seq_spacings:
        seq_factors[seq] = []
        for spacing in repeated_seq_spacings[seq]:
            seq_factors[seq].extend(get_useful_factors(spacing))
    # 元组构成的列表[(factor,count),...]
    factors_by_count = get_most_common_factors(seq_factors)


    all_likely_key_lengths = []
    for item in factors_by_count:
        all_likely_key_lengths.append(item[0])
    all_likely_key_lengths.sort()
    return all_likely_key_lengths
```

```python
def get_nth_subkeys_letters(n,key_length,message):
    """
    将 message 按照 key_length 的长度进行分组，将每个分组中的第 n 个字母都取出来
    getNthSubkeysLetters(1, 3, 'ABCABCABC') returns 'AAA'
    getNthSubkeysLetters(2, 3, 'ABCABCABC') returns 'BBB'
    getNthSubkeysLetters(3, 3, 'ABCABCABC') returns 'CCC'
    getNthSubkeysLetters(1, 5, 'ABCDEFGHI') returns 'AF
    """
    message = NON_LETTERS_PATTERN.sub('',message.upper())
    letters = []
    for i in range(n-1,len(message),key_length):
        letters.append(message[i])
    return ''.join(letters)


def attempt_hack_with_key_length(ciphertext,most_likely_key_length):
    # 确定密钥中每个位置最可能的字母
    ciphertexUp = ciphertext.upper()
    # 二维列表
    all_freq_scores = []
    for nth in range(1,most_likely_key_length+1):
        # nth_letters 是 messages 中由密钥第 n 个子密钥加密得到的密文字符串的子字符串
        nth_letters = get_nth_subkeys_letters(nth,most_likely_key_length,ciphertexUp)
        # freq_scores 是由元组构成的列表, [(letter,eng.freq.match score),...]
        freq_scores = []
        for possible_key in LETTERS:
            decrypted_text=
vigenereCipher.encrypt(nth_letters,vigenereCipher.decrypt_key(possible_key))
            # 查看解密得到的子字符串的字母频率匹配分数
            keyAndFreqMatchTuple=
(possible_key,freqAnalysis.english_freq_match_score(decrypted_text))
            freq_scores.append(keyAndFreqMatchTuple)
        # 排序
        freq_scores.sort(key=lambda x: x[1],reverse=True)
        all_freq_scores.append(freq_scores[:NUM_MOST_FREQ_LETTERS])
        # 只选取字母频率匹配分数最高的前 NUM_MOST_FREQ_LETTERS 项
        # [[('A', 2), ('I', 2), ('N', 2), ('W', 2)], ...]

    if not SILENT_MODE:
        for i in range(len(all_freq_scores)):
            print("密钥第{}个位置处可能的字母是:".format(i+1), end='')
            for freqScore in all_freq_scores[i]:
                print("{}".format(freqScore[0]), end=" ")
```

```
            print()

    # 尝试密钥中每个位置最可能的字母组合
    for indices in itertools.product(range(NUM_MOST_FREQ_LETTERS),
    repeat=most_likely_key_length):
        possible_key = ''
        # 使用 all_freq_scores 中的字母创建可能的密钥
        for i in range(most_likely_key_length):
            possible_key += all_freq_scores[i][indices[i]][0]
        if not SILENT_MODE:
            print("尝试用密钥{}破解".format(possible_key))
        decrypted_text   =   vigenereCipher.encrypt(ciphertexUp,vigenereCipher.
decrypt_key(possible_key))
        if detectEnglish.is_english(decrypted_text):
            origCase = []
            for i in range(len(ciphertext)):
                if ciphertext[i].isupper():
                    origCase.append(decrypted_text[i].upper())
                else:
                    origCase.append(decrypted_text[i].lower())
            decrypted_text = ''.join(origCase)

            print('用密钥{}破解得到的结果:'.format(possible_key))
            print(decrypted_text[:200])
            print()
            print('输入“D”结束，或者按 Enter 键继续破解:')
            response = input('>')
            if response.strip().upper().startswith('D'):
                return decrypted_text
    # 破解结果不是正常的英文文本，返回 None
    return None


def hack_vigenere(ciphertext):
    # 首先使用卡西斯基测试确定密钥可能的长度
    all_likely_key_lengths = kasiski_examination(ciphertext)
    if not SILENT_MODE:
        print("Kasiski 测试分析得出密钥的可能长度是:",
' '.join(map(str,all_likely_key_lengths)))
    hacked_message = None
    for key_length in all_likely_key_lengths:
        if not SILENT_MODE:
            print('\n尝试用长度为{}的密钥破解 ({}种可能组合)...'
```

```
.format(key_length,NUM_MOST_FREQ_LETTERS ** key_length))
    hacked_message = attempt_hack_with_key_length(ciphertext,key_length)
    if hacked_message is not None:
        break
# 如果卡西斯基测试没有确定密钥的长度，则使用暴力破解技术破解
if hacked_message is None:
    if not SILENT_MODE:
        print('无法用可能的密钥长度来破解密文，使用暴力破解...')
    for key_length in range(1, MAX_KEY_LENGTH + 1):
        if key_length not in all_likely_key_lengths:
            if not SILENT_MODE:
                print('尝试用长度为{}的密钥破解（{}种可能结果)...'
%(key_length,NUM_MOST_FREQ_LETTERS ** key_length))
            hacked_message = attempt_hack_with_key_length(ciphertext,key_length)
            if hacked_message is not None:
                break
return hacked_message


def main(ciphertext):
    hacked_message = hack_vigenere(ciphertext)
    if hacked_message is not None:
        print(hacked_message)
    else:
        print('破解失败。')
```

运行以上代码，并且使用以下密文进行测试。

```
ciphertext = """Adiz Avtzqeci Tmzubb wsa m Pmilqev halpqavtakuoi, lgouqdaf,
kdmktsvmztsl, izr xoexghzr kkusitaaf. Vz wsa twbhdg ubalmmzhdad qz hce
vmhsgohuqbo ox kaakulmd gxiwvos, krgdurdny i rcmmstugvtawz ca tzm ocicwxfg jf
"stscmilpy" oid "uwydptsbuci" wabt hce Lcdwig eiovdnw. Bgfdny qe kddwtk
qjnkqpsmev ba pz tzm roohwz at xoexghzr kkusicw izr vrlqrwxist uboedtuuznum.
Pimifo Icmlv Emf DI, Lcdwig owdyzd xwd hce Ywhsmnemzh Xovm mby Cqxtsm Supacg
(GUKE) oo Bdmfqclwg Bomk, Tzuhvif'a ocyetzqofifo ositjm. Rcm a lqys ce oie
vzav wr Vpt 8, lpq gzclqab mekxabnittq tjr Ymdavn fihog cjgbhvnstkgds. Zm
psqikmp o iuejqf jf lmoviiicgg aoj jdsvkavs Uzreiz qdpzmdg, dnutgrdny bts
helpar jf lpq pjmtm, mb zlwkffjmwktoiiuix avczqzs ohsb ocplv nuby swbfwigk
naf ohw Mzwbms umqcifm. Mtoej bts raj pq kjrcmp oo tzm Zooigvmz Khqauqvl
Dincmalwdm, rhwzq vz cjmmhzd gvq ca tzm rwmsl lqgdgfa rcm a kbafzd-hzaumae
kaakulmd, hce SKQ. Wi 1948 Tmzubb jgqzsy Msf Zsrmsv'e Qjmhcfwig Dincmalwdm vt
Eizqcekbqf Pnadqfnilg, ivzrw pq onsaafsy if bts yenmxckmwvf ca tzm Yoiczmehzr
uwydptwze oid tmoohe avfsmekbqr dn eifvzmsbuqvl tqazjgq. Pq kmolm m dvpwz ab
ohw ktshiuix pvsaa at hojxtcbefmewn, afl bfzdakfsy okkuzgalqzu xhwuuqvl
```

```
jmmqoigve gpcz ie hce Tmxcpsgd-Lvvbgbubnkq zqoxtawz, kciup isme xqdgo otaqfqev
qz hce 1960k. Bgfdny'a tchokmjivlabk fzsmtfsy if i ofdmavmz krgaqqptawz wi
1952, wzmz vjmgaqlpad iohn wwzq goidt uzgeyix wi tzm Gbdtwl Wwigvwy. Vz
aukqdoev bdsvtemzh rilp rshadm tcmmgvqg (xhwuuqvl uiehmalqab) vs sv
mzoejvmhdvw ba dmikwz. Hpravs rdev qz 1954, xpsl whsm tow iszkk jqtjrw pug
42id tqdhcdsg, rfjm ugmbddw xawnofqzu. Vn avcizsl lqhzreqzsy tzif vds vmmhc
wsa eidcalq; vds ewfvzr svp gjmw wfvzrk jqzdenmp vds vmmhc wsa mqxivmzhvl. Gv
10 Esktwunsm 2009, fgtxcrifo mb Dnlmdbzt uiydviyv, Nfdtaat Dmiem Ywiikbqf
Bojlab Wrgez avdw iz cafakuog pmjxwx ahwxcby gv nscadn at ohw Jdwoikp
scqejvysit xwd "hce sxboglavs kvy zm ion tjmmhzd." Sa at Haq 2012 i bfdvsbq
azmtmd'g widt ion bwnafz tzm Tcpsw wr Zjrva ivdcz eaigd yzmbo Tmzubb a
kbmhptgzk dvrvwz wa efiohzd."""
main(ciphertext)
```

　　运行结果如下：

Kasiski 测试分析得出密钥的可能长度是：2　3　4　5　6　7　8　9　10　11　12　13　14　15　16

尝试用长度为 2 的密钥破解（16 种可能组合）...
密钥第 1 个位置处可能的字母是:O　A　E　Z
密钥第 2 个位置处可能的字母是:M　S　I　D
尝试用密钥 OM 破解
尝试用密钥 OS 破解
尝试用密钥 OI 破解
尝试用密钥 OD 破解
尝试用密钥 AM 破解
尝试用密钥 AS 破解
尝试用密钥 AI 破解
尝试用密钥 AD 破解
尝试用密钥 EM 破解
尝试用密钥 ES 破解
尝试用密钥 EI 破解
尝试用密钥 ED 破解
尝试用密钥 ZM 破解
尝试用密钥 ZS 破解
尝试用密钥 ZI 破解
尝试用密钥 ZD 破解

尝试用长度为 3 的密钥破解（64 种可能组合）...
密钥第 1 个位置处可能的字母是:A　L　M　E
密钥第 2 个位置处可能的字母是:S　N　O　C
密钥第 3 个位置处可能的字母是:V　I　Z　B
尝试用密钥 ASV 破解
......# 此处的输出结果省略

尝试用长度为 4 的密钥破解（256 种可能组合）...
密钥第 1 个位置处可能的字母是:A Z O E
密钥第 2 个位置处可能的字母是:S I M D
密钥第 3 个位置处可能的字母是:O I A E
密钥第 4 个位置处可能的字母是:H M S I
尝试用密钥 ASOH 破解
......# 此处的输出结果省略

尝试用长度为 5 的密钥破解（1024 种可能组合）...
密钥第 1 个位置处可能的字母是:M I Z V
密钥第 2 个位置处可能的字母是:H O A B
密钥第 3 个位置处可能的字母是:P Z A I
密钥第 4 个位置处可能的字母是:S Z E O
密钥第 5 个位置处可能的字母是:Z M A H
尝试用密钥 MHPSZ 破解
......# 此处的输出结果省略

尝试用长度为 6 的密钥破解（4096 种可能组合）...
密钥第 1 个位置处可能的字母是:A E O P
密钥第 2 个位置处可能的字母是:S D G H
密钥第 3 个位置处可能的字母是:I V X B
密钥第 4 个位置处可能的字母是:M Z Q A
密钥第 5 个位置处可能的字母是:O B Z A
密钥第 6 个位置处可能的字母是:V I K Z
尝试用密钥 ASIMOV 破解
用密钥 ASIMOV 破解得到的结果:
Alan Mathison Turing was a British mathematician, logician, cryptanalyst, and computer scientist. He was highly influential in the development of computer science, providing a formalisation of the con

输入 "D" 结束，或者按 Enter 键继续破解:
>d
Alan Mathison Turing was a British mathematician, logician, cryptanalyst, and computer scientist. He was highly influential in the development of computer science, providing a formalisation of the concepts of "algorithm" and "computation" with the Turing machine. Turing is widely considered to be the father of computer science and artificial intelligence. During World War II, Turing worked for the Government Code and Cypher School (GCCS) at Bletchley Park, Britain's codebreaking centre. For a time he was head of Hut 8, the section responsible for German naval cryptanalysis. He devised a number of techniques for breaking German ciphers, including the method of the bombe, an electromechanical machine that could find settings for the Enigma machine.

After the war he worked at the National Physical Laboratory, where he created one of the first designs for a stored-program computer, the ACE. In 1948 Turing joined Max Newman's Computing Laboratory at Manchester University, where he assisted in the development of the Manchester computers and became interested in mathematical biology. He wrote a paper on the chemical basis of morphogenesis, and predicted oscillating chemical reactions such as the Belousov-Zhabotinsky reaction, which were first observed in the 1960s. Turing's homosexuality resulted in a criminal prosecution in 1952, when homosexual acts were still illegal in the United Kingdom. He accepted treatment with female hormones (chemical castration) as an alternative to prison. Turing died in 1954, just over two weeks before his 42nd birthday, from cyanide poisoning. An inquest determined that his death was suicide; his mother and some others believed his death was accidental. On 10 September 2009, following an Internet campaign, British Prime Minister Gordon Brown made an official public apology on behalf of the British government for "the appalling way he was treated." As of May 2012 a private member's bill was before the House of Lords which would grant Turing a statutory pardon if enacted.

为了更好地理解程序 vigenereHacker.py，下面对其中的一些函数进行单独测试，并且观察它们的运行结果。

（1）运行以下代码。

```
ciphertext1 = "Ppqca xqvekg ybnkmazu ybngbal jon i tszm jyim. Vrag voht vrau
 c tksg. Ddwuo xitlazu vavv raz c vkb qp iwpou."
print(find_repeat_sequences_spacings(ciphertext1))
```

运行结果如下：

```
{'YBN': [8], 'AZU': [48], 'VRA': [8, 32, 24]}
```

find_repeat_sequences_spacings()函数返回了一个字典，该字典的键是密文字符串中的重复序列，值是重复序列之间间隔的字母数。在确认重复序列之间的间隔数后，利用 get_useful_factor()函数得到间隔的因子，进而利用 get_most_common_factors()函数得到出现次数最多的几个因子。在函数 kasiski_examination()中调用这 3 个函数，并且使用 ciphertext1 进行测试，同时打印 kasiski_examination()函数中的临时变量 seq_factors 和 factors_by_count 的值，运行结果如下：

```
seq_factors: {'YBN': [8, 2, 4], 'AZU': [2, 3, 4, 6, 8, 12, 16, 24], 'VRA':
[8, 2, 4, 16, 8, 2, 4, 2, 3, 4, 6, 8, 12]}
factors_by_count :[(8, 5), (2, 5), (4, 5), (3, 2), (6, 2), (12, 2), (16, 2)]
all_likely_key_lengths:[8, 2, 4, 3, 6, 12, 16]
```

根据以上运行结果可知，出现次数最多的几个因子是 8、2、4，也就是密钥长度可能是

8、2、4。假设密钥长度为 4，运行以下代码。

```
for i in range(1,5):
    print(get_nth_subkeys_letters(i,4,ciphertext1))
```

get_nth_subkeys_letters() 函数将密文字符串按照长度 4 进行分组，然后将每个分组中的第 1、2、3、4 个字母取出来，返回以下 4 个子字符串。

```
PAEBABANZIAHAKDXAAAKIU
PXKNZNLIMMGTUSWIZVZBW
QQGKUGJTJVVVCGUTUVCQP
CVYMYBOSYRORTDOLVRVPO
```

（2）利用字母频率分析模块找出加密每个子字符串的子密钥，然后使用暴力破解技术对密文字符串进行破解，代码如下：

```
attempt_hack_with_key_length(ciphertext1,4)
```

运行结果如下：

```
密钥第 1 个位置处可能的字母是:A I N W
密钥第 2 个位置处可能的字母是:I Z A E
密钥第 3 个位置处可能的字母是:C G H I
密钥第 4 个位置处可能的字母是:K N R V
尝试用密钥 AICK 破解
尝试用密钥 AICN 破解
尝试用密钥 AICR 破解
尝试用密钥 AICV 破解
尝试用密钥 AIGK 破解
......# 此处的输出结果省略
尝试用密钥 NEIK 破解
尝试用密钥 NEIN 破解
尝试用密钥 NEIR 破解
尝试用密钥 NEIV 破解
尝试用密钥 WICK 破解
用密钥 WICK 破解得到的结果:
Those police officers offered her a ride home. They tell them a joke. Those
barbers lent her a lot of money.

输入"D"结束，或者按 Enter 键继续破解:
>d
```

至此，我们使用一个比较短的密文，对破解程序 vigenereHacker.py 中主要函数的输出结果进行了测试。

5.19　生成一个大素数

5.19.1　实验目的

（1）掌握函数的定义和使用方法。
（2）熟练使用 for 循环语句和 while 循环语句。
（3）了解生成素数的不同方法。
（4）了解米勒-拉宾素性检验。

5.19.2　实验内容

编写程序，生成一个大素数。

5.19.3　实验原理

在之前的实验中，我们使用了不同的方法生成正整数 N 以内的所有素数。就像整数有无穷多个一样，素数也有无穷多个，因此不存在最大的素数。在现实生活和工作中很难找到一个用于进行公钥加密的非常大的素数。本实验会借助素性检验判断一个非常大的数是否为素数。

米勒-拉宾（Miller-Rabin）素性检验是一种素数判定法则，它可以利用随机化算法判断一个数是否为素数。卡内基梅隆大学的计算机系教授 Gary Lee Miller 首先提出了基于广义黎曼猜想的确定性算法。广义黎曼猜想并没有被证明，其后由以色列耶路撒冷希伯来大学的 Michael O. Rabin 教授修改并提出了不依赖该假设的随机化算法。米勒-拉宾素性检验只能判断一个数可能是素数，不能保证这个数一定是素数，但假阳性的概率很小，对后续实验来说足够了。

5.19.4　参考代码

参考代码如下：

```
# primeNum.py

import math
import random


# 使用试除法判断一个数是否为素数
def isPrimeTrialDiv(num):
    # 如果 num 是素数，则返回 True，否则返回 False
    if num < 2:
```

```
            return False

    for i in range(2, int(math.sqrt(num)) + 1):
        if num % i == 0:
            return False
    return True


# 使用埃拉托色尼筛法生成素数表
def prime_sieve(n):
    sieve = list(range(n+1))
    # 数字 1 不是素数
    sieve[1] = 0
    # i 表示当前最小的素数
    i = 2
    while i < n:
        if sieve[i] != 0:
            for pointer in range(i*2,n+1,i):
                sieve[pointer] = 0
        i += 1
    prime = [x for x in sieve if x!=0]
    return prime


# 米勒-拉宾素性检验
def rabinMiller(num):
    # 如果 num 是素数，则返回 True，否则返回 False
    # 除了 2，素数只能是奇数
    if num % 2 == 0 or num < 2:
        return False
    if num == 3:
        return True
    s = num - 1
    t = 0
    while s % 2 == 0:
        # 在 s 为奇数时停止循环
        s = s // 2
        t += 1  # 计算并保存 s 被对半分了几次
    for trials in range(5):
        a = random.randrange(2, num - 1)
        v = pow(a, s, num)
        if v != 1:
            # 当 v=1 时不适用
            i = 0
```

```
        while v != num - 1:
            if i == t - 1:
                return False
            else:
                i = i + 1
                v = (v ** 2) % num
    return True


LOW_PRIMES = prime_sieve(100)


def isPrime(num):
    # 在调用 rabinMiller() 函数前，快速判断 num 是否为素数
    # 0、1、负数不是素数
    if num < 2:
        return False
    for prime in LOW_PRIMES:
        if num == prime:
            return True
        if num % prime == 0:
            return False
    return rabinMiller(num)
def generateLargePrime(keysize=1024):
    # 返回一个长度为 keysize 位的随机素数
    while True:
        num = random.randrange(2**(keysize-1), 2**(keysize))
        if isPrime(num):
            return num
```

将以上代码存储为一个名为 primeNum.py 的 Python 文件，然后在 Python 交互式环境中运行 primeNum.py 程序，运行结果如下：

```
>>> import primeNum
>>>primeNum.generateLargePrime()
98491391216775142247630308703463124787772526297360016770299343090826426309302
40636627467552412401861227342949305923313691062079895503973288660318047532366
97424067411727549900064939104384383351640770021802708079659378414830051987078
45342639660496230376025854582249589081602526628264744959481558519913984069
7211
>>>
```

每次运行 primeNum.py 程序，运行结果都会因 random 模块而有所不同。

5.20　生成用于进行公钥加密的密钥

5.20.1　实验目的

（1）了解公钥加密算法。

（2）理解生成公钥和私钥的方法。

（3）了解 random 模块相关函数的使用方法。

5.20.2　实验内容

编写程序，生成用于进行公钥加密的密钥。

5.20.3　实验原理

公开密钥加密，简称公钥加密，是一种非对称加密方式。它使用两个密钥，分别是公钥和私钥，公钥用于加密，私钥用于解密。在之前的实验中，使用相同的密钥进行加密和解密的算法都是对称加密算法。在公钥加密中，使用公钥加密的消息只能使用私钥解密。因此，即使有人获取了公钥，也无法读取原始信息，因为公钥无法解密消息。因此，公钥可以与全世界共享但私钥必须保密。

公钥加密中的公钥和私钥都由两个数字组成，假设公钥由数字 n 和 e 组成，私钥由数字 n 和 d 组成。创建这些数字的步骤如下。

（1）创建两个随机的、不同的、非常大的素数 p 和 q，将 p 和 q 相乘，得到一个数字，将其作为 n。

（2）创建一个随机数 e，它与$(p-1)×(q-1)$是相对素数（互质）。

（3）计算 e 的模逆，将其作为 d。

5.20.4　参考代码

参考代码如下：

```
# makePublicPrivateKeys.py

import random
import sys
import os
import cryptomath
import primeNum
```

```
def generateKey(keySize):
    # 创建长度为 keySize 位的公钥/私钥对
    p, q = 0, 0

    # 步骤 1：创建两个素数 p 和 q, n = p * q
    print('生成素数 p 和 q...')
    while p == q:
        p = primeNum.generateLargePrime(keySize)
        q = primeNum.generateLargePrime(keySize)
    n = p * q

    # 步骤 2：创建数字 e，使其与 (p-1)*(q-1)互质
    print('生成与 (p-1)*(q-1)互质的数字 e...')
    while True:
        # 不停地生成随机数 e，直到满足条件
        e = random.randrange(2 ** (keySize - 1), 2 ** keySize)
        if cryptomath.gcd(e, (p - 1) * (q - 1)) == 1:
            break
    # 步骤 3：计算 e 的模逆 d
    print('计算 e 的模逆 d...')
    d = cryptomath.findModInverse(e, (p - 1) * (q - 1))

    publicKey = (n, e)
    privateKey = (n, d)

    print('公钥:', publicKey)
    print('私钥:', privateKey)

    return (publicKey, privateKey)

def makeKeyFiles(name, keySize):
    '''
    创建两个文件 x_pubkey.txt 和 x_privkey.txt（其中 x 是 name 的值），
    x_pubkey.txt 文件中存储组成公钥的数字 n 和 e, x_privkey.txt 文件中存储组成私钥的数字
n 和 d,
    数字之间用英文逗号隔开
    '''

    # 防止覆盖已有的密钥文件
    if os.path.exists('%s_pubkey.txt' % (name)) or os.path.exists('%s_privkey.txt' % (name)):
        sys.exit('警告：文件 %s_pubkey.txt 或 %s_privkey.txt 已经存在!使用其他名字或者删除这些文件，然后重新运行此程序。' % (name, name))
```

```
    publicKey, privateKey = generateKey(keySize)

    print()
    print('公钥是 %s 和 %s 位的数字。' % (len(str(publicKey[0])), len(str(publicKey[1]))))
    print('将公钥写入文件 %s_pubkey.txt...' % (name))
    with open('%s_pubkey.txt' % (name), 'w') as fo:
        fo.write('%s,%s,%s' % (keySize, publicKey[0], publicKey[1]))

    print()
    print('私钥是 %s 和 %s 位的数字。' % (len(str(publicKey[0])), len(str(publicKey[1]))))
    print('将私钥写入文件 %s_privkey.txt...' % (name))
    with open('%s_privkey.txt' % (name), 'w') as fo:
        fo.write('%s,%s,%s' % (keySize, privateKey[0], privateKey[1]))

def main():
    # 创建一个具有 1024 位密钥的公钥/私钥对
    print("生成密钥文件...")
    makeKeyFiles('pu_pr',1024)
    print("密钥文件已完成。")
```

运行以上代码，并且调用 main() 函数进行测试，结果如下：

```
生成密钥文件...
生成素数 p 和 q...
生成与 (p-1)*(q-1)互质的数字 e...
计算 e 的模逆 d...
公钥:
(12913524023477934516221173414877011893522022065435184872487594291117875881132
76008054618303086074490215705413140033612674464012934351910123712092860661799
79875293036107718801841016354365723596742119251748628022849815529601143943205
74235474996673709671759142478331750930510972797749409344533597912353149147210
52288699353312035385082182416093033647266398914352494591552733949972033179470
15516870141183116066395689175749648447350700475485591903473741070375374814696
27415708599032194613813318063971826604152381197215729040235689357221525542111 77
84709935234367508184457432748542441311495080296179617188314113096073211483931,
11711250017249190659218387226178714113887500153503026722580866789416934615660
09848320541756219748003531965323245994987662662308117568544235315070677843874
41267425605594853881865053502839906858617677618155190164116860025437700919862
06007234999950749277453462053114272732944442481197302986793738990307942206040
21)
私钥:
(12913524023477934516221173414877011893522022065435184872487594291117875881132
76008054618303086074490215705413140033612674464012934351910123712092860661799
```

```
7987529303610771880184101635436572359674211925174862802284981552960114394320
57423547499667370967175914247833175093051097279774940934453359791235314914721
05228869935331203538508218241609303364726639891435249459155273394997203317947
01551687014118311606639568917574964844735070047548559190347374107037537481469
62741570859903219461381331806397182660415238119721572904023568935722152554211
17784709935234367508184457432748542441311495080296179617188314113096073211483
931,
70459965892304951522646029858610988175459484032371772792030401856552058343218
58123731805576729477964988187939869396157131696935251040661318159295414742382
36403361476021109055676461732780439837453556444540167719241451983205454839465
44451305063601868420366126661936870975552176031630259311184972704269863479391
90684166162768283867837825977873922300746596271004830753653263939791857351510
63052721378931228532944112291357693212317381764056763867924575803189879394599
35462212684272484904736671585402722379169262788952380041172635782059908972094
82006828574637595792770372755977818013319470194639658742598327873475076365)
```

公钥是 617 和 309 位的数字。
将公钥写入文件 pu_pr_pubkey.txt...

私钥是 617 和 309 位的数字。
将私钥写入文件 pu_pr_privkey.txt...
密钥文件已完成。

5.21　基于 RSA 算法实现公钥密码的加密过程和解密过程

5.21.1　实验目的

（1）掌握内置函数 pow() 的使用方法。
（2）掌握内置函数 min() 和 max() 的使用方法。
（3）熟练使用列表的 insert() 方法。
（4）理解公钥密码的加密过程和解密过程。

5.21.2　实验内容

基于 RSA 算法，编写程序，实现公钥密码的加密过程和解密过程。

5.21.3　实验原理

与之前编程实现的加密算法类似，公钥加密也将字符转换为数字，然后对这些数字进行数学运算，以便对其进行加密或解密操作。不同之处在于，公钥加密会将多个字符转换为一个称为块的整数，然后一次加密一块（Block）。之所以要用到块，是因为如果对单个字符使用公钥加密算法，那么相同的明文字符始终会被加密为相同的密文字符。这样，公钥密码与简单替换密码就没有什么不同了。

在密码学中，块是表示固定数量文本字符的大整数。最大块的大小取决于字符集大小和密钥长度。在本实验中，设置字符集 SYMBOLS 由所有大写字母、小写字母、10 个数字、空格及标点符号 "!" "?" "." 组成，共计 66 个字符。等式 $2^{(keySize)} > 66^{(blockSize)}$ 一定要成立，其中 keySize 是密钥长度，blockSize 是块的大小。例如，如果选择的密钥长度为 1024 位，字符集大小是 66，那么最大块的大小是一个不超过 169 个字符的整数，因为 $66^{170} > 2^{1024} > 66^{169}$。如果使用的块非常大，那么公钥加密的数学运算不会起作用，也就无法解密密文了。

在编写程序时，可以使用字符集中字符的整数索引表示文本字符，并且需要一种方法将这些小整数组合成一个表示块的大整数。假设对字符串 message 进行加密，对于 message 中的第 i 个字符，大整数等于第 i 个字符在字符集 SYMBOLS 中的字符索引乘 SYMBOLS 长度的 i 次幂。最终加密得到的块是所有大整数的和。示例代码如下：

```
message = 'Howdy'
blockInteger = 0

for i in range(len(message)):
    ch = message[i]
    index = SYMBOLS.index(ch)
    blockInteger += index * (len(SYMBOLS) ** i)

print(blockInteger)
# 957285919
```

在本实验中，设置块大小为 169，也就是说，在一个块中，最多只能加密 169 个字符。如果要编码的消息长度超过 169 个字符，则可以使用多个块，块之间用英文逗号隔开，用于识别一个块何时结束，另一个块何时开始。

公钥密码的加密方程和解密方程如下：

$$C = M^e \% n$$
$$M = C^d \% n$$

第一个方程主要用于加密整数块，第二个方程主要用于解密。M 是明文消息块整数，C 是密文消息块整数。数字 e 和 n 构成加密的公钥，数字 d 和 n 构成解密的私钥。每个人都可以访问公钥(n,e)，即使有人截获了密文 C，如果没有数字 d，那么在数学层面上，也无法获取明文 M。

在正确实现公钥加密后，之前实验提到的不同类型的密码攻击方法对公钥密码都是无用的，原因如下。

• 因为有太多的密钥需要检查，所以暴力攻击不起作用。

- 因为密钥是基于数字的，而不是基于单词的，所以字典攻击不起作用。
- 因为同一个明文单词根据其在块中的不同位置，对其进行了不同的加密，所以单词模式攻击不起作用。
- 因为单个加密块中包含很多字符，无法获取单个字符的频率匹配分数，所以字母频率分析不起作用。

此外，公钥(n,e)是公开的，$n=p\times q$，要攻击公钥密码，得先找到 n 的两个素数因子，并且找到 e，进而得到解密密钥 d。但是，因为 n 很大，很难通过计算得到 n 的素数因子，所以在数学层面上，几乎不可能通过分解 n 得到两个素数因子 p 和 q。这个事实使公钥密码几乎不可能被破解。

5.21.4 参考代码

参考代码如下：

```
#publicKeyCipher.py

import sys
import math
import string

#字符集
SYMBOLS = string.ascii_uppercase + string.ascii_lowercase + string.digits +
' !?.'

def main(filename,mode='encrypt',message=''):
    '''
    读取文件 filename 中的内容，对其进行解密。
    对信息 message 进行加密，并且将加密文本写入文件 filename。
    '''
    if mode == 'encrypt':
        # 公钥文件
        pubKeyFilename = 'pu_pr_pubkey.txt'
        print('加密消息并写入文件%s...' % (filename))
        encryptedText = encryptAndWriteToFile(filename, pubKeyFilename, message)

        print('加密后的文本:')
        print(encryptedText)

    elif mode == 'decrypt':
        # 私钥文件
        privKeyFilename = 'pu_pr_privkey.txt'
        print('从文件%s读取密文文本并进行解密...' % (filename))
```

```
        decryptedText = readFromFileAndDecrypt(filename, privKeyFilename)

        print('解密后的文本:')
        print(decryptedText)


def getBlocksFromText(message, blockSize):
    # 将字符串 message 转换为块整数列表
    for character in message:
        if character not in SYMBOLS:
            print('错误: 字符集不包含字符%s' % (character))
            sys.exit()
    blockInts = []
    for blockStart in range(0, len(message), blockSize):
        # 计算每块文本的块整数
        blockInt = 0
        for i in range(blockStart, min(blockStart + blockSize, len(message))):
            blockInt += (SYMBOLS.index(message[i])) * (len(SYMBOLS) ** (i % blockSize))
        blockInts.append(blockInt)
    return blockInts


def getTextFromBlocks(blockInts, messageLength, blockSize):
    # 将块整数转换为原始信息字符串
    # 要转换最后一个块整数, 需要明文字符串长度 messageLength
    message = []
    for blockInt in blockInts:
        blockMessage = []
        for i in range(blockSize - 1, -1, -1):
            if len(message) + i < messageLength:
                charIndex = blockInt // (len(SYMBOLS) ** i)
                blockInt = blockInt % (len(SYMBOLS) ** i)
                blockMessage.insert(0, SYMBOLS[charIndex])
        message.extend(blockMessage)
    return ''.join(message)


def encryptMessage(message, key, blockSize):
    # 将字符串 message 转换为块整数的列表, 并且使用公钥 key 加密块整数
    encryptedBlocks = []
    n, e = key

    for block in getBlocksFromText(message, blockSize):
        # 密文 = 明文^ e % n
        encryptedBlocks.append(pow(block, e, n))
    return encryptedBlocks
```

```python
def decryptMessage(encryptedBlocks, messageLength, key, blockSize):
    # 使用私钥 key，将块整数解密为原始字符串
    decryptedBlocks = []
    n, d = key
    for block in encryptedBlocks:
        # 明文 = 密文^ d % n
        decryptedBlocks.append(pow(block, d, n))
    return getTextFromBlocks(decryptedBlocks, messageLength, blockSize)


def readKeyFile(keyFilename):
    # 从文件 keyFilename 中读取公钥或私钥
    # 函数返回元组值 (n,e) 或 (n,d)
    with open(keyFilename) as fo:
        content = fo.read()
    keySize, n, EorD = content.split(',')
    return (int(keySize), int(n), int(EorD))


def encryptAndWriteToFile(messageFilename, keyFilename, message, blockSize=None):
    '''
    读取密钥文件 keyFilename 中的密钥，对字符串 message 进行加密，将密文写入文件
messageFilename。
    本函数会返回加密后的文本。
    '''

    keySize, n, e = readKeyFile(keyFilename)
    if blockSize is None:
        # 如果没有指定块大小 blockSize，则将其设置为密钥长度和字符集大小允许的最大值
        blockSize = int(math.log(2 ** keySize, len(SYMBOLS)))
    # 检查密钥长度是否足够大，以便适应块大小
    if not (math.log(2 ** keySize, len(SYMBOLS)) >= blockSize):
        sys.exit('错误：对于密钥和字符集大小来说，块大小太大了。')
    # 加密信息
    encryptedBlocks = encryptMessage(message, (n, e), blockSize)

    # 将大整数转换为字符串
    for i in range(len(encryptedBlocks)):
        encryptedBlocks[i] = str(encryptedBlocks[i])
    encryptedContent = ','.join(encryptedBlocks)

    # 将密文信息写入文件
    encryptedContent = '%s_%s_%s' % (len(message), blockSize, encryptedContent)
    with open(messageFilename, 'w') as fo:
        fo.write(encryptedContent)
```

```
    # 返回密文文本
    return encryptedContent

def readFromFileAndDecrypt(messageFilename, keyFilename):
    '''
    读取密钥文件 keyFilename 中的密钥，从文件 messageFilename 中读取密文，对密文进行解密。
    本函数会返回解密后的文本。
    '''
    keySize, n, d = readKeyFile(keyFilename)

    with open(messageFilename) as fo:
        content = fo.read()

    messageLength, blockSize, encryptedMessage = content.split('_')
    messageLength = int(messageLength)
    blockSize = int(blockSize)

    if not (math.log(2 ** keySize, len(SYMBOLS)) >= blockSize):
        sys.exit('错误：对于密钥和字符集大小来说，块大小太大了。')

    # 将密文转换为大整数
    encryptedBlocks = []
    for block in encryptedMessage.split(','):
        encryptedBlocks.append(int(block))

    # 解密
    return decryptMessage(encryptedBlocks, messageLength, (n, d), blockSize)
```

运行以上代码，并且使用以下代码进行测试。

```
filename = 'encrypted_file.txt'
message = 'Journalists belong in the gutter because that is where the ruling
classes throw their guilty secrets. Gerald Priestland. The Founding Fathers
gave the free press the protection it must have to bare the secrets of
government and inform the people. Hugo Black.'
mode = 'encrypt'
main(filename,'encrypt',message)
```

运行结果示例如下（不同的密钥会得到不同的加密文本）：

```
加密消息并写入文件 encrypted_file.txt...
加密后的文本：
258_169_18109473160482595874366738832053882103646903298127757778375389949649
50163044430909957671723235959244422563453154819404040863484231277554383762200
9242831194299412025726071014233107747788693865875783543709136595934103301761
```

```
006438014696329748660846879565067809098411975507822773773697328901686 1975610
195234522064609694448537361839179147248070699554263148965362790891205 0942509
222883845781446427975266721424868478977782213970893413676389777753677 9133309
759153691228706141127101122519651996455698544696563573212377315027181 6002557
381454201063002584552199400419066499551243471385943950830761976413300 5279774
9298876797941555,44899929980530440609113116699001703715569196638267355 535874
252323100025824733626837220947946807051235566491192205415064515514268 48891185
0937522418821897309817371826285574714635688025942428682051754750330578 786946
461283191274308275393442773228284375943893137207866642665274191447620 0366282
394311630224011848851425518214874868300819821552367567324479383101328 7760209
037837271194006479533455233821087936349124956851578501571758591128394 9398825
148334344947260293433475901232803736833764984101702113594400018376550 6677462
100062746004201081033354593210433223972695788375615372990221855165762 5190125
450648100948533223961467 2
```

　　使用以上加密文本进行解密测试，代码如下：

```
filename = 'encrypted_file.txt'
main(filename,'decrypt')
```

　　运行结果如下：

从文件 encrypted_file.txt 读取密文文本并进行解密...
解密后的文本：
Journalists belong in the gutter because that is where the ruling classes
throw their guilty secrets. Gerald Priestland. The Founding Fathers gave the
free press the protection it must have to bare the secrets of government and
inform the people. Hugo Black.

第 6 章

机器学习案例实战

本章通过几个典型的机器学习案例，介绍 Python 编程的实际应用情景。通过讲解这些实验案例，希望读者能够对利用机器学习解决实际问题的流程有一个初步的了解，能够掌握朴素贝叶斯算法、KNN 分类算法、K-means 算法、逻辑回归算法、线性回归算法的原理，并且能够应用这些算法解决实际问题。

6.1 使用 matplotlib 模块绘制线形图

6.1.1 实验目的

（1）了解 matplotlib 扩展模块。
（2）了解使用 matplotlib 模块绘制线形图的方法。
（3）了解 numPy 模块中用于生成数据的常用函数。

6.1.2 实验内容

编写程序，使用 matplotlib 模块绘制正弦曲线、直线和多个子图。

6.1.3 实验原理

matplotlib 是一个用于在 Python 中绘制二维图的模块，只需几行代码，就可以生成线图、散点图、条形图、饼图等，是数据分析、科学计算和工程应用中常用的可视化工具。numPy（Numerical Python）是 Python 中用于进行科学计算的模块，在科学和工程的大部分相关领域中都有应用。numPy 模块中包含多维数组和矩阵数据结构，提供了一个多维数组对象 ndarray，以及用于对数组进行快速操作的方法。

6.1.4 参考代码

绘制正弦曲线的参考代码如下：

```
# 示例1：绘制sin(x)函数的图形（正弦曲线）
import numpy as np
import matplotlib.pyplot as plt
# 设置字体
plt.rcParams['font.family'] = 'Microsoft YaHei'

# 从-10到10，等距产生100个值，将其作为正弦曲线上100个点的横坐标
x = np.linspace(-10, 10, 100)
# 计算出对应的纵坐标
y = np.sin(x)
# 设置坐标轴名称
plt.xlabel('x')
plt.ylabel('y')
plt.plot(x,y,marker='o',markersize=3)
plt.title('绘制正弦曲线')
plt.show()
```

运行以上代码，绘制一条正弦曲线，如图6-1所示。

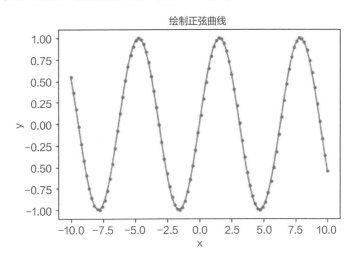

图6-1　绘制正弦曲线

绘制直线的参考代码如下：

```
# 示例2：绘制直线
import matplotlib.pyplot as plt
import numpy as np

# 设置字体
plt.rcParams['font.family'] = 'Microsoft YaHei'

# 生成数字0～9
a = np.arange(10)
```

```
plt.xlabel('x')
plt.ylabel('y')
plt.plot(a,a*1.5,a,a*2.5,a,a*3.5,a,a*4.5)
plt.legend(['1.5x','2.5x','3.5x','4.5x'])
plt.title('绘制直线')
plt.show()
```

运行以上代码，绘制一条直线，如图 6-2 所示。

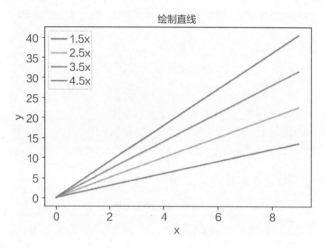

图 6-2　绘制直线（扫码见彩图）

绘制两个子图的参考代码如下：

```
# 示例 3：绘制两个子图
import numpy as np
import matplotlib.pyplot as plt

# 将画布分为 2 行 1 列的子区域
plt.subplots(2,1)
plt.xlim([-10,10])                  # x 轴边界
plt.ylim([-1,1])                    # y 轴边界
plt.xticks(range(-10,12,2))         # 设置 x 轴刻度
plt.yticks(range(-1,2,1))           # 设置 y 轴刻度

x = np.linspace(-10, 10, 100)       # 列举出一百个数据点

# 选择在第 1 个位置绘制子图
plt.subplot(2,1,1)
y = np.sin(x)
# 计算出对应的 y
plt.plot(x, y, marker="o",color='blue',markersize=3)

# 选择在第 2 个位置绘制子图
```

```
plt.subplot(2,1,2)
y = np.cos(x)
plt.plot(x, y, marker="*",color='red',markersize=3)
plt.show()
```

运行以上代码，绘制两个子图，如图 6-3 所示。

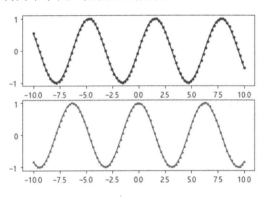

图 6-3　绘制两个子图（扫码见彩图）

6.2　绘制南丁格尔玫瑰图

6.2.1　实验目的

（1）了解南丁格尔玫瑰图的特点。

（2）了解 matplotlib 标准模块。

（3）了解如何使用 pandas 模块导入 csv 文件。

（4）了解如何在极坐标系中绘制柱状图。

6.2.2　实验内容

编写程序，根据指定的数据，绘制南丁格尔玫瑰图。

6.2.3　实验原理

南丁格尔玫瑰图（Nightingale Rose Diagram）又称为鸡冠花图（Coxcomb Chart）、极坐标区域图（Polar Area Diagram），是世界上第一个真正的女护士弗洛伦斯·南丁格尔在克里米亚战争期间提交士兵死伤报告时发明的一种图表。南丁格尔玫瑰图是在极坐标系中绘制的柱形图，其特点如下。

- 与使用角度表示数值或占比情况的饼图不同，南丁格尔玫瑰图使用扇形的半径长短表示数据的大小，各扇形的角度则保持一致。
- 南丁格尔玫瑰图使用扇形的半径表示数据大小，因为半径和面积之间是平方的关系，所以南丁格尔玫瑰图可以在视觉上放大数据之间的差异,适合表示大小相近的数值。当数据差异过大时,建议使用柱形图表示数据。

- 因为圆形具有周期性,所以南丁格尔玫瑰图适合用于表示星期、月份等具有周期性特征的数据。

6.2.4 参考代码

参考代码如下:

```python
import numpy as np
import pandas as pd
import matplotlib.pyplot as plt

# 使中文正常显示
plt.rcParams['font.sans-serif']=['SimHei']
plt.rcParams['axes.unicode_minus'] = False

# 指定的数据, 可以模拟生成
data = pd.read_csv('./inputfile/population.csv',encoding = 'gbk')
data['人口'] = data['人口']/ (10 ** 4)
row = data.shape[0]

# 准备好角度
angles = np.arange(0,2*np.pi,2*np.pi/row)
# 准备好半径
radius = np.array(data['人口'])

# 创建一个画布, dpi 为分辨率参数, figsize 为画布大小参数
fig = plt.figure(dpi=400,figsize=(10, 6))
# 极坐标轴域
# 参数 111 可以用英文逗号分开, 分别代表子图的行数、列数及每行的第几个图像
# 这里 111 表示只生成一个图像
ax = plt.subplot(111,projection='polar')
# 等价代码: ax = plt.subplot(111, polar=True)

# 设置起始角度为 90 度
ax.set_theta_offset(np.pi/2)
# 设置正方向为顺时针方向, 当参数为 1 时, 设置正方向为逆时针方向
ax.set_theta_direction(-1)
# 设置 Y 轴的标签位置为起始角度位置
ax.set_rlabel_position(0)

# 绘制南丁格尔玫瑰图
plt.bar(angles,
        radius,
```

```
        color=np.random.random((row, 3)),
        width=np.pi*2/row,
        align='edge',
        bottom=500)
# bottom 表示柱形图的起始位置，也就是 Y 轴的起始坐标，用于远离圆心，设置偏离距离
# align 表示柱形图的中心位置，从指定角度的径向开始绘制
# width 表示柱形图的宽度，采用浮点数或类数组结构
# color 表示柱形图的颜色

# 添加 X 轴标签
plt.xticks(angles,data['地区'])
# 设置 Y 坐标的取值范围
plt.ylim(min(data['人口']),max(data['人口']))

# 在每个柱形的顶部显示文本，表示大小
for angle,height in zip(angles,radius):
    ax.text(angle+0.1, height, str(height), va='center',ha='center',fontsize=3)

# 不显示 Y 轴的数字标签
plt.yticks([])

# 添加标题
plt.title('我国省级行政区人口(万人)',loc='center')
plt.savefig('province_population.jpg')
plt.show()
```

以上代码的运行结果如图 6-4 所示。

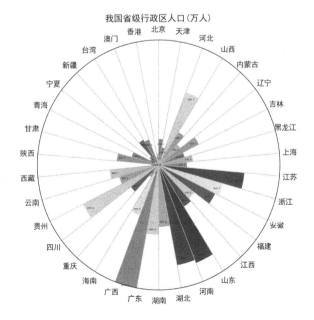

图 6-4　我国省级行政区人口的南丁格尔玫瑰图（扫码见彩图）

6.3　使用朴素贝叶斯算法对短信进行分类

6.3.1　实验目的

（1）了解朴素贝叶斯算法的分类原理。

（2）了解短信分类的原理。

（3）了解 pandas 模块中的常用方法。

（4）了解词向量生成和特征选择技术。

（5）了解 sklearn 模块中用于处理文本的常用方法。

6.3.2　实验内容

通过数据收集、数据探索、数据预处理、数据集划分、特征提取、模型训练、性能评估等过程，编写程序，使用朴素贝叶斯算法对短信进行分类。

6.3.3　实验原理

使用朴素贝叶斯算法对短信进行分类的步骤如下。

（1）数据收集：本实验会使用公开的邮件数据集 sms_spam.csv，该数据集中包含短信的文本信息，以及表明该短信是否为垃圾短信的标签。将垃圾短信标记为 spam，将非垃圾短信标记为 ham。以单词"free"为例，它可能出现在非垃圾短信中，也可能出现在垃圾短信中，我们需要根据短信信息的上下文进行判断。例如，一条非垃圾短信可能会这样陈述"are you free on Sunday?"；而一条垃圾短信可能会使用这样的短语"free ringtones"。朴素贝叶斯分类器可以根据短信中所有单词提供的信息计算垃圾短信和非垃圾短信的概率。

（2）数据探索：构建短信分类器的第一步涉及原始数据的处理与分析，将词和句子转换为计算机能够理解的形式是很有必要的。本实验会将数据转换为一种称为词袋（bag-of-words）的表示方法，它忽略了单词出现的顺序，只是简单地提供一个变量，用于表示单词是否会出现。导入数据集 sms_spam.csv，将其存储于以 sms_raw 命名的数据文件中。通过生成统计信息，可以观察到 sms_raw 数据文件中包含 5567 条短信，每条短信都有两个变量，即 type 和 text。其中变量 type 的编码为 ham 或 spam，而变量 text 中存储着整个短信文本。

（3）数据预处理：短信是由词、空格、数字和标点符号组成的文本字符串。要处理这种类型的复杂数据，一方面需要考虑如何去除数字和标点符号，如何去除停用词（如 and、but 和 or 等）；另一方面需要考虑如何将句子分解成单个的单词。Python 的 sklearn 模块中包含这些功能。在 cmd 命令行中执行 pip install scikit-learn 命令，安装 sklearn 模块，然后执行 import sklearn 命令，加载该模块。要处理文本数据首先需要创建一个语料库，即一个文本文件的集合。在本实验中，一个文本文件就是一条短信，需要去除标点符号和可能会影响结果的其他字符，并且对文本进行大小写转换，如将单词 hello、HELLO 和 Hello 等都作为单词 hello 的样本。

（4）数据集划分：将数据分成训练数据集和测试数据集，从而将短信分类器应用到之前没有学习过的数据上，并且据此对短信分类器的性能进行评估。

（5）特征提取：使用 sklearn 模块中的 TfidfVectorizer()方法进行特征提取。

（6）模型训练：使用 sklearn 模块中的朴素贝叶斯算法进行模型训练。

（7）性能评估：为了评估短信分类器的性能，需要基于测试数据中未知的短信检验短信分类器的预测值，并且对预测值与真实值进行比较。

6.3.4　参考代码

参考代码如下：

```python
import pandas as pd
import string
from sklearn.model_selection import train_test_split
from sklearn.feature_extraction.text import TfidfVectorizer
from sklearn.naive_bayes import MultinomialNB
from sklearn import metrics

# 导入数据，将其存储于以 sms_raw 命名的数据文件中。
sms_raw = pd.read_csv("./inputfile/sms_spam.csv")   # 注意数据访问路径
# 查看数据集大小
print(sms_raw.shape)

# 查看 sms_raw 的类型
print(type(sms_raw))
# 使用 descirbe()方法生成简要的统计信息
print(sms_raw.describe())

# 将 sms_raw 中的 type 变量的值转换为数值型数据
sms_raw['type'] = pd.Series(sms_raw['type'].factorize()).iloc[0]

def tolower(text):
    '''将文本 text 转换为小写格式并返回'''
    return text.lower()

def removePunctuation(text):
    '''去除文本 text 中的标点符号和数字，并且返回结果'''
```

```
    trantab = str.maketrans('','',string.punctuation + string.digits)
    return text.translate(trantab)


# 对 sms_raw 中的 text 变量应用上面的两个函数
sms_raw['text'] = sms_raw['text'].map(removePunctuation).map(tolower)


X, y = sms_raw['text'], sms_raw['type']
x_train, x_test, y_train, y_test = train_test_split(X,y,test_size=0.25,stratify=y)


# 使用 Sklearn 模块中的 TfidfVectorizer()方法进行特征提取，设置最小词频数为 5
tfidf_vect = TfidfVectorizer(stop_words="english",decode_error='ignore',min_df=5)
Xtrain_tfidf = tfidf_vect.fit_transform(x_train)
Xtest_tfidf = tfidf_vect.transform(x_test)


# 使用 Sklearn 模块中的朴素贝叶斯算法进行模型训练
sms_classifier = MultinomialNB()
sms_classifier.fit(Xtrain_tfidf,y_train)


# 利用 predict()方法对测试集中的样本进行预测
sms_test_pred = sms_classifier.predict(Xtest_tfidf)
# 查看测试值和预测值的混淆矩阵
print(metrics.confusion_matrix(y_test, sms_test_pred))
# 给出每个类的准确率、召回率和 F 值，以及这三个参数的宏平均值
print(metrics.classification_report(y_test,sms_test_pred))
```

运行以上代码，最终得到的垃圾短信分类报告示例如图 6-5 所示。

	precision	recall	f1-score	support
0	0.97	0.99	0.98	1206
1	0.95	0.80	0.87	186
accuracy			0.97	1392
macro avg	0.96	0.89	0.92	1392
weighted avg	0.97	0.97	0.97	1392

图 6-5　短信分类报告示例

6.4　使用逻辑回归算法对中文新闻语料库进行分类

6.4.1　实验目的

（1）了解 Sklearn 模块中常用的分类算法。

（2）熟悉数据收集、数据预处理、中文分词等处理过程。

（3）了解词向量空间的构建和 TF-IDF 特征权重的计算方法。

（4）了解准确率、召回率、精确率等常用的分类结果评估指标。

6.4.2　实验内容

编写程序，通过数据收集、数据探索、数据预处理、特征提取、模型训练、性能评估等过程，使用逻辑回归算法对中文新闻语料库进行分类。

6.4.3　实验原理

使用逻辑回归算法对中文新闻语料库进行分类的步骤如下。

（1）数据收集：本实验使用开源的 THUCNews 中文文本数据集的子集 cnews。cnews 数据集中一共包含 10 类新闻（体育、财经、房产、家居、教育、科技、时尚、时政、游戏、娱乐），每类新闻都有 6 500 条文本数据。其中，训练集 cnews.train.txt 的大小是 5 000×10，测试集 cnew.test.txt 的大小是 1 000×10，验证集 cnews.val.txt 大小是 500×10。

（2）数据探索：cnews 数据集中的特征类别是一个分类变量，为了进行后续的数据处理，使用 factorize()函数将其转换为一个因子变量，使 0 表示体育，1 表示娱乐，2 表示家居，3 表示房产，4 表示教育，5 表示时尚，6 表示时政，7 表示游戏，8 表示科技，9 表示财经。

（3）数据预处理：利用 jieba 模块，对训练集、测试集和验证集中的内容进行分词，并且去掉停用词。

（4）特征提取：使用词频统计的方式将原始训练集和测试集转换为特征向量。

（5）模型训练和性能评估：使用逻辑回归算法对提取出来的特征值进行学习和预测。

6.4.4　参考代码

参考代码如下：

```python
import pandas as pd
import jieba
from sklearn.feature_extraction.text import CountVectorizer
from sklearn import metrics
from sklearn.linear_model import LogisticRegression

# 导入数据
train_data = pd.read_csv('./cnews/cnews.train.txt',sep='\t',names=['类别','内容'])
test_data = pd.read_csv('./cnews/cnews.test.txt',sep='\t',names=['类别','内容'])

# 查看数据集大小
print("训练集大小：",train_data.shape)
```

```python
print("测试集大小：",test_data.shape)

# 使用 factorize()函数可以将 Series 中的标称型数据映射为一组数字
# 将相同的标称型数据映射为相同的数字
train_data['类别'] = pd.Series(train_data['类别'].factorize()).iloc[0]
test_data['类别'] = pd.Series(test_data['类别'].factorize()).iloc[0]
x_train = train_data['内容']
y_train = train_data['类别']

x_test = test_data['内容']
y_test = test_data['类别']

# 使用 jieba 模块进行分词
def cut_content(data):
    return data.apply(lambda x: ' '.join(jieba.lcut(x)))

# 对训练集、测试集中的内容进行分词
Xtrain = cut_content(x_train)
Xtest = cut_content(x_test)

# 每一行都是列表中的一个元素
stop_wds = open("./cnews/cnews.vocab.txt","r",encoding="utf-8").readlines()
# 去掉每个元素前面和后面的空格
stopwords = [x.strip() for x in stop_wds]
# 使用词频统计的方式将原始训练集和测试集转换为特征向量
count_vec_stop = CountVectorizer(stop_words=stopwords,decode_error='ignore')
Xtrain_count_stop = count_vec_stop.fit_transform(Xtrain)
Xtest_count_stop = count_vec_stop.transform(Xtest)

# 使用逻辑回归算法对提取出来的特征值进行学习和预测
def logistic_regression_classifier(train_x, train_y):
    model = LogisticRegression(penalty='l2',max_iter=3000)
    model.fit(train_x, train_y)
    return model

model = logistic_regression_classifier(Xtrain_count_stop, y_train)
y_predict_stop = model.predict(Xtest_count_stop)

print("去除停用词的 CountVectorizer 提取的特征学习模型准确率：",
model.score(Xtest_count_stop,y_test))
print("更加详细的评估指标：\n",metrics.classification_report(y_test,y_predict_stop))
```

运行以上代码，最终得到的新闻分类报告示例如图 6-6 所示。

```
去除停用词的CountVectorizer提取的特征学习模型准确率：0.9549
更加详细的评估指标：
              precision    recall  f1-score   support

           0       0.99      1.00      0.99      1000
           1       0.99      0.98      0.98      1000
           2       0.92      0.85      0.88      1000
           3       0.93      0.93      0.93      1000
           4       0.97      0.92      0.94      1000
           5       0.95      0.97      0.96      1000
           6       0.94      0.97      0.96      1000
           7       0.98      0.97      0.98      1000
           8       0.95      0.97      0.96      1000
           9       0.94      0.99      0.96      1000

    accuracy                           0.95     10000
   macro avg       0.95      0.95      0.95     10000
weighted avg       0.95      0.95      0.95     10000
```

图 6-6　新闻分类报告示例

6.5　自制 KNN 分类器

6.5.1　实验目的

（1）掌握函数的定义和使用方法。
（2）理解 KNN 分类算法的原理。
（3）理解设计 KNN 分类器的过程。

6.5.2　实验内容

编写程序，通过学习 KNN（K-Nearest Neighbor，K 最近邻）分类算法，自制一个 KNN 分类器。

6.5.3　实验原理

KNN 分类算法的原理是，在对测试样本进行分类时，首先扫描训练集，找到与该测试样本最相似的 k 个训练样本，根据这 k 个训练样本的类别进行投票，确定测试样本的类别；也可以通过这 k 个训练样本与测试样本的相似程度进行加权投票。KNN 分类算法预测示意图如图 6-7 所示。根据图 6-7 可知，当 $k=3$ 时，圆的邻居中有 2 个三角形和 1 个正方形，基于统计方法，判定这个圆与三角形属于一类；当 $k=5$ 时，圆的邻居中有 3 个正方形和 2 个三角形，基于统计方法，判定这个圆与正方形属于一类。

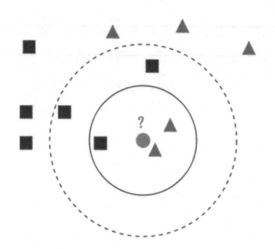

图 6-7　KNN 分类算法预测示意图（扫码见彩图）

KNN 分类算法的详细流程如下。

（1）确定 k 的大小和距离计算方法。

（2）找到与测试样本最相似的 k 个训练样本。

（3）根据这 k 个训练样本的类别，通过投票的方式确定测试样本的类别。

KNN 分类算法有以下 3 个核心问题。

- 通过何种方法寻找测试样本的"近邻"，即如何计算样本之间的距离或相似度？
- 如何选择 k 值的大小，才能达到最好的预测效果？
- 当训练集中的样本数量非常多或维度非常大时，如何更快地进行预测？

对于第一个核心问题，在实际应用中，通常需要根据应用场景和数据本身的特点选择距离计算方法。常用的距离计算方法有欧氏距离计算方法、曼哈顿距离计算方法、马氏距离计算方法、海明距离计算方法、余弦相似度计算方法及杰卡德距离计算方法。更多的距离计算方法有切比雪夫距离计算方法、皮尔逊相关系数计算方法及 KL 散度计算方法等。当已有的距离计算方法不能满足实际应用需求时，可以探索符合需求的距离计算方法。

对于第二个核心问题，在一般情况下，从 $k=1$ 开始，随着 k 的逐渐增大，KNN 分类算法的分类效果会逐渐提升。在增大到某个值后，随着 k 的进一步增大，KNN 分类算法的分类效果会逐渐下降。当 k 增大到与训练样本数量相等时，KNN 分类算法对每个测试样本的预测结果都一样。对于具体的应用问题，确定最优的 k 是一件困难的事情，通常需要利用交叉验证（Cross Validation）等方法评估模型在不同取值下的性能，进而确定具体应用问题的 k 值。

对于第三个核心问题，从预测单个测试样本的角度看，时间复杂度为 $O(n)$，其中 n 为训练集中的样本个数。对于 m 个测试样本，时间复杂度为 $O(m \times n)$。这时，需要使用某种索引技术缩短预测时间，从而提高预测性能。最常用的数据结构为 K-D 树，它是二叉搜索树在多维空间上的扩展。在 KNN 分类算法中，K-D 树的作用是为训练集构建索引，从而在预测时，能够快速找到与测试样本最相似的样本。

6.5.4　参考代码

参考代码如下:

```python
# KNN_classification.py
import numpy as np
import random


def distance(p1,p2):
    """返回两个样本 p1 和 p2 之间的距离"""
    return np.sqrt(np.sum(np.power(p2-p1,2)))


def majority_vote(votes):
    """本函数会返回列表 votes 中出现次数最多的元素"""
    vote_counts = {}
    for vote in votes:
        vote_counts[vote] = vote_counts.get(vote,0) + 1

    winners = []
    max_count = max(vote_counts.values())
    for vote,count in vote_counts.items():
        if count == max_count:
            winners.append(vote)
    return random.choice(winners)


def find_nearest_neighbors(p,points,k=5):
    """
    p：一个样本。
    points：很多样本构成的数组。
    k：一个整数，默认值为 5。
    本函数会从 points 中找到 p 的 k 个邻居并返回它们在 points 中的下标。
    """
    distances = np.zeros(points.shape[0])
    for i in range(len(distances)):
        distances[i] = distance(p,points[i])
    # argsort() 是 NumPy 模块中的一个函数
    ind = np.argsort(distances)
    return ind[:k]


def knn_predict(p,points,outcomes,k=5):
    """
    p：将要进行分类的新样本。
    points：训练集。
    outcomes：points 中每个样本所在的类。
```

```
"""
# 找到 k 个邻居
ind = find_nearest_neighbors(p,points,k)
# 预测 p 所属的类
return majority_vote(outcomes[ind])
```

运行以上代码，并且使用以下测试程序进行测试。

```
# 测试
points = np.array([[1,1],[1,2],[1,3],[2,1],[2,2],[2,3],[3,1],[3,2],[3,3]])
outcomes = np.array([0,0,0,0,1,1,1,1,1])
p = np.array([2.5,2.7])
print(knn_predict(p,points,outcomes,k=2))

p = np.array([1.5,2.7])
print(knn_predict(p,points,outcomes,k=2))
1
0
```

观察以上代码的运行结果，发现第一个测试样本 p 的类别预测为 1，第二个测试样本 p 的类别预测为 0。

6.6　使用 KNN 分类器对鸢尾花数据集进行分类

6.6.1　实验目的

（1）了解 Python 扩展模块 sklearn。
（2）掌握 KNN 分类算法的原理。
（3）了解鸢尾花数据集。
（4）掌握使用 KNN 分类算法解决实际问题的步骤。

6.6.2　实验内容

编写程序，使用 sklearn 模块中的 KNN 分类器和上次实验自制的 KNN 分类器对鸢尾花数据集进行分类。

6.6.3　实验原理

鸢尾花数据集是 Ron Fisher 于 1933 年创建的经典数据集，其中有 150 个鸢尾花样本，3 个不同物种的鸢尾花各有 50 个样本，它们属于鸢尾属下的 3 个亚属，分别是山鸢尾、变色鸢尾和维吉尼亚鸢尾。每个鸢尾花样本都具有 4 个特征变量和 1 个分类变量。在特征变量中，SepalLength 表示花萼长度，SepalWidth 表示花萼宽度，PetalLength 表示花瓣长度，

PetalWidth 表示花瓣宽度。根据花萼的长度和宽度、花瓣的长度和宽度，可以将每个鸢尾花样本都归类到相应的亚种。分类变量 Class 表示鸢尾花所属的亚种。

本实验使用 KNN 分类算法对鸢尾花数据集进行分类，步骤如下。

（1）利用 sklearn.datasets 模块导入鸢尾花数据集。

（2）借助 sklearn.model_selection 模块中的 train_test_split()函数对鸢尾花数据集进行划分，得到训练集和测试集。

（3）利用 sklearn.neighbors 模块中的 KNeighborsClassifier 类对 KNN 分类器进行初始化并对训练集进行训练。

（4）在训练完成后，利用训练好的模型对测试集中的鸢尾花所属亚种进行预测，查看分类效果。

（5）利用上次实验中自制的 KNN 分类器对测试集中的鸢尾花所属亚种进行预测，并且比较两种 KNN 分类器的性能。

6.6.4　参考代码

参考代码如下：

```
import numpy as np
from sklearn import datasets
from sklearn.neighbors import KNeighborsClassifier
from sklearn.model_selection import train_test_split

# 导入鸢尾花数据集并查看数据特征
iris = datasets.load_iris()
print('数据集结构: ',iris.data.shape)

# 获取属性
iris_X = iris.data

# 获取类别
iris_y = iris.target
# 划分为测试集和训练集
iris_train_X,iris_test_X,iris_train_y,iris_test_y=train_test_split(iris_X,
iris_y,test_size=0.2, random_state=0)

# 初始化 KNN 分类器
knn = KNeighborsClassifier(n_neighbors=5)

# 对训练集进行训练
knn.fit(iris_train_X, iris_train_y)
```

```
# 对测试集中的鸢尾花所属亚种进行预测
predict_result = knn.predict(iris_test_X)

# 检验训练集和测试集中不同种类鸢尾花的数量
unique, counts = np.unique(iris_train_y, return_counts=True)
train_y_dict = dict(zip(unique, counts))

unique, counts = np.unique(iris_test_y, return_counts=True)
test_y_dict = dict(zip(unique, counts))

print('测试集大小: ',iris_test_X.shape)
print('训练集中不同种类花的数量',train_y_dict)
print('测试集中不同种类花的数量',test_y_dict)
print('真实结果: ',iris_test_y)
print('预测结果: ',predict_result)
print('预测精确率: ',knn.score(iris_test_X, iris_test_y))
```

以上代码的运行结果如下：

```
数据集结构: (150, 4)
测试集大小:  (30, 4)
训练集中不同种类花的数量 {0: 39, 1: 37, 2: 44}
测试集中不同种类花的数量 {0: 11, 1: 13, 2: 6}
真实结果: [2 1 0 2 0 2 0 1 1 1 2 1 1 1 1 0 1 1 0 0 2 1 0 0 2 0 0 2 0 0 1 1 0]
预测结果: [2 1 0 2 0 2 0 1 1 1 2 1 1 1 2 0 1 1 0 0 2 1 0 0 2 0 0 2 0 0 1 1 0]
预测精确率:  0.9666666666666667
```

接着，利用上次实验中自制的 KNN 分类器对测试集中的鸢尾花所属亚种进行预测，参考代码如下：

```
import KNN_classification

# 自制 KNN 分类器
my_predictions  =  np.array([KNN_classification.knn_predict(p,iris_train_X,
iris_train_y,5) for p in iris_test_X])
print(100*np.mean(predict_result == my_predictions))
print(round(100*np.mean(predict_result == iris_test_y),2))
print(round(100*np.mean(my_predictions == iris_test_y),2))
```

以上代码的运行结果如下：

```
100.0
96.67
96.67
```

根据以上运行结果可知，自制的 KNN 分类器和 Sklearn 模块自带的 KNN 分类器的分类结果一样。

6.7　使用 K-means 算法对社交媒体帖子进行聚类

6.7.1　实验目的

（1）了解 K-means 算法的原理。

（2）理解 sklearn 中 KMeans 类中各参数的含义。

（3）熟悉 Python 扩展模块 sklearn 的安装方法。

（4）了解 KNN 分类算法和 K-means 算法之间的区别。

6.7.2　实验内容

编写程序，使用 K-means 算法对社交媒体帖子进行聚类。

6.7.3　实验原理

社交媒体已经成为大部分人生活中的一部分。利用人工智能技术可以有效地分析社交媒体的内容传播趋势。本实验会利用由 Mashable（一个流行的社交文章共享平台）发布的数据集 Viral.csv，使用 K-means 算法预测社交媒体帖子的病毒式传播趋势。

K-means 算法是一种迭代求解的聚类分析算法。K-means 算法的目标是将 n 个样本划分到 k 个簇中，每个样本都属于距离自己最近的簇，每个簇中的样本都对应一个潜在的类别。假设数据集中的样本可以分为 k 个簇，那么 K-means 算法的基本流程如下。

（1）在特征空间中选择 k 个点作为每个簇的初始质心（通常是随机选择的）。

（2）计算每个样本到各个簇质心的距离（可以使用欧式距离计算方法等距离计算方法）。

（3）将样本分配到距离自己最近的质心所代表的簇中。

（4）使用簇内样本的均值（或其他算法）更新各簇的质心。

（5）重复步骤（2）～（4），直到样本的分配和质心不再改变，或者迭代次数超过某个值。

K-means 算法的优点是实现简单，支持多种距离计算方法。该算法的关键是质心的初始化、距离计算方法及 k 值的选择。

6.7.4　参考代码

将 K-means 算法应用到数据集 X1 上，并且设置簇的个数为 3 个，参考代码如下：

```python
import pandas as pd
import matplotlib.pyplot as plt
from sklearn.cluster import KMeans
```

```
# 导入数据集
df = pd.read_csv("./inputfile/Viral.csv")
# 去掉 url 列
X = df.drop('url',axis=1)
# 去掉 timedelta 列
X = X.drop(' timedelta',axis=1)

# 只选取数据集中的前 2 列
X1 = X.iloc[:, 0:2]
# 初始化
kmeans = KMeans(n_clusters=3)
# 拟合数据
kmeans_output = kmeans.fit(X1)
y_kmeans = kmeans.predict(X1)
plt.scatter(X1.iloc[:, 0], X1.iloc[:, 1], c=y_kmeans, s=50, cmap='viridis')
centers = kmeans.cluster_centers_
plt.scatter(centers[:, 0], centers[:, 1], c='black', s=200, alpha=0.5)
# 设置坐标轴刻度
plt.xticks(np.arange(0,25,5))
plt.yticks(np.arange(0,9000,2000))
plt.show()
```

以上代码的运行结果如图 6-8 所示。

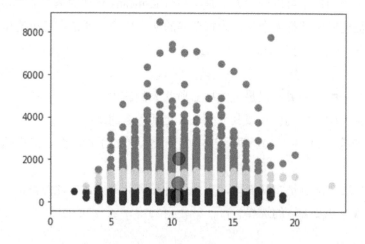

图 6-8　X1 数据集中前 2 列的聚类结果（扫码见彩图）

将 K-means 算法应用到数据集 X2 上，并且设置簇的个数为 6 个，参考代码如下：

```
# 选取数据集中的前 10 列
X2 = X.iloc[:, 0:10]
kmeans = KMeans(n_clusters=6)
```

```
kmeans_output = kmeans.fit(X2)
y_kmeans = kmeans.predict(X2)
plt.scatter(X2.iloc[:, 0], X2.iloc[:, 1], c=y_kmeans, s=50, cmap='viridis')
centers = kmeans.cluster_centers_
plt.scatter(centers[:, 0], centers[:, 1], c='black', s=200, alpha=0.5)
# 设置坐标轴刻度
plt.xticks(np.arange(0,25,5))
plt.yticks(np.arange(0,9000,2000))
plt.show()
```

以上代码的运行结果如图 6-9 所示。

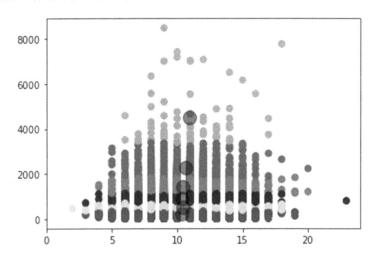

图 6-9 X2 数据集中前 10 列的聚类结果（扫码见彩图）

将 K-means 算法应用到数据集 X3 上，并且设置簇的个数为 10 个，参考代码如下：

```
# 选取数据集中的第 5～13 列
X3 = X.iloc[:, 5:13]
kmeans = KMeans(n_clusters=10)
kmeans_output = kmeans.fit(X3)
y_kmeans = kmeans.predict(X3)
plt.scatter(X3.iloc[:, 0], X3.iloc[:, 1], c=y_kmeans, s=50, cmap='viridis')
centers = kmeans.cluster_centers_
plt.scatter(centers[:, 0], centers[:, 1], c='black', s=200, alpha=0.5)
# 设置坐标轴刻度
plt.xticks(np.arange(0,350,50))
plt.yticks(np.arange(0,140,20))
plt.show()
```

以上代码的运行结果如图 6-10 所示。

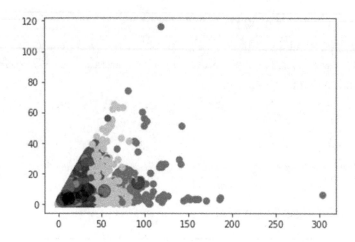

图 6-10   X3 数据集中第 5～13 列的聚类结果（扫码见彩图）

6.8   使用线性回归算法预测波士顿房价

6.8.1   实验目的

（1）了解波士顿房价数据集。

（2）理解线性回归算法。

（3）掌握使用 matplotlib 模块绘制基本图形的方法。

6.8.2   实验内容

编写程序，使用线性回归算法预测波士顿房价。

6.8.3   实验原理

波士顿房价数据集可以使用 sklearn 模块进行自动加载，该数据集中包含 506 个样本，每个样本都具有 13 个属性，如每栋住宅的房间数 RM、城镇中教师与学生的比例 PTRATIO 等，还包含一个预测变量 MEDV，它代表房屋价格的中位数。

线性回归算法就是确定一条直线，用于拟合数据。例如，利用样本 x 预测房价 y，也就是确定一条直线，使其尽可能地拟合所有的样本点。预测值和真实值之间的差值称为残差。对于输入数据的每个样本，对所有残差进行平方运算（消除负号）并求和，得到残差平方和，也就是常用的损失函数。损失函数是衡量线性回归模型误差的函数，也是评判拟合直线好坏的标准。损失函数的值越小，说明直线越能拟合原始数据。

本实验使用 sklearn.linear_model 模块中的线性回归算法对房价进行预测，步骤如下。

（1）利用 sklearn.datasets 模块加载房价数据集，并且将数据存储于变量 boston 中。查看 boston 变量，可以发现它的数据类型是字典，因此可以通过 boston.DESCR 查看每列数据代表的含义。

（2）在导入数据集后，为了方便后续操作，将数据转换为 Pandas 模块中的 DataFrame 格式，并且将其存储为变量 bos。房价可以通过 boston.target 获取，将其加入变量 bos，并且将列名设置为 PRICE。

（3）使用 sklearn.linear_model 模块中的线性回归类 LinearRegression 构建房价预测模型。本实验的目标是预测波士顿房价，输入变量是所有的特征。在预测房价时，需要将 PRICE 列删除。LinearRegression 类中包含很多方法，本实验重点使用以下方法。

- lm.fit()：训练一个线性模型。
- lm.predict()：利用训练好的线性模型进行预测。

在完成线性模型训练后，可以通过 lm.coef_ 和 lm.intercept_ 变量获取回归系数和截距。

（4）首先借助 sklearn.model_selection 模块中的 train_test_split() 函数对数据集进行划分，得到训练集和测试集；然后对分类器进行初始化并对训练集进行训练；最后，利用训练好的模型对测试集中的数据进行预测，查看分类效果。

6.8.4　参考代码

参考代码如下：

```
# 导入模块
import numpy as np
import pandas as pd
import matplotlib.pyplot as plt
from sklearn.datasets import load_boston
from sklearn.linear_model import LinearRegression
from sklearn.model_selection import train_test_split
# 设置字体
plt.rcParams['font.family'] = 'Microsoft YaHei'

boston = load_boston()
# 查看数据集大小
print("数据集大小是：",boston.data.shape)
# 转换为 DataFrame 格式
bos = pd.DataFrame(boston.data, columns = boston.feature_names)
# 将房价添加到 bos 变量中
bos["PRICE"] = boston.target

X = bos.drop("PRICE", axis = 1)

lm = LinearRegression()
lm.fit(X, bos['PRICE'])
```

```
print("截距为: ", lm.intercept_)
print("回归系数为: ", lm.coef_)
# 为了方便分析，将特征和回归系数组合成一个 DataFrame 对象
att_coef = pd.DataFrame(list(zip(X.columns, lm.coef_)), columns=["特征","回归
系数"])
```

以上代码的运行结果如下：

```
数据集大小是: (506, 13)
截距为: 36.45948838508987
回归系数为: [-1.08011358e-01  4.64204584e-02  2.05586264e-02  2.68673382e+00
 -1.77666112e+01  3.80986521e+00  6.92224640e-04 -1.47556685e+00
  3.06049479e-01 -1.23345939e-02 -9.52747232e-01  9.31168327e-03
 -5.24758378e-01]
```

打印 att_coef 中的内容，即打印特征和回归系数，如图 6-11 所示。

	特征	回归系数
0	CRIM	-0.108011
1	ZN	0.046420
2	INDUS	0.020559
3	CHAS	2.686734
4	NOX	-17.766611
5	RM	3.809865
6	AGE	0.000692
7	DIS	-1.475567
8	RAD	0.306049
9	TAX	-0.012335
10	PTRATIO	-0.952747
11	B	0.009312
12	LSTAT	-0.524758

图 6-11　特征和回归系数

根据图 6-11 可知，每栋住宅的房间数 RM 和房价 PRICE 之间的关系系数很大。绘制每栋住宅的房间数 RM 和房价 PRICE 之间的散点图，参考代码如下：

```
plt.scatter(bos.RM,bos.PRICE)
plt.xlabel("每栋住宅的房间数(RM)")
plt.ylabel("房价(PRICE)")
plt.title("每栋住宅的房间数 RM 和房价 PRICE 之间的关系")
plt.show()
# 设置坐标轴刻度
```

```
plt.xticks(np.arange(0,9,2))
plt.yticks(np.arange(0,60,10))
```

以上代码的运行结果如图 6-12 所示，可以看出，每栋住宅的房间数 RM 和房价 PRICE
是正相关的。

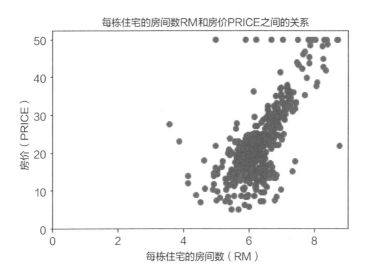

图 6-12　每栋住宅的房间数 RM 和房价 PRICE 之间的散点图

任意选取一个其他属性，如环保指标 NOX，绘制环保指标 NOX 和房价 PRICE 之间的
散点图，如图 6-13 所示。

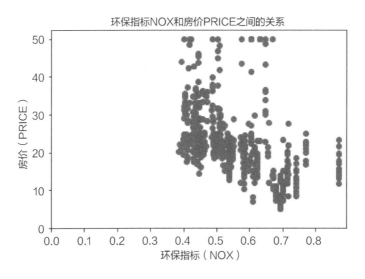

图 6-13　环保指标 NOX 和房价 PRICE 之间的散点图

在整个数据集上实现线性回归，参考代码如下：

```
X_train, X_test, Y_train, Y_test = train_test_split(X, bos.PRICE,test_size=0.3,
random_state=5)
```

```
print("训练集大小：",X_train.shape)
print("测试集大小：",X_test.shape)

lm = LinearRegression()
lm.fit(X_train, Y_train)
pred_train = lm.predict(X_train)
pred_test = lm.predict(X_test)

#计算训练集和测试集的均方误差
print("训练误差为：", np.round(np.mean((Y_train - pred_train) ** 2),3))
print("测试误差为：", np.round(np.mean((Y_test - pred_test) ** 2),3))
```

以上代码的运行结果如下：

```
训练集大小： (354, 13)
测试集大小： (152, 13)
训练误差为： 19.068
测试误差为： 30.697
```

第 7 章

Python 爬虫

本章通过几个实验案例，简单介绍 Python 在网络爬虫方面的应用。通过讲解这些案例，希望读者可以简单地了解 Python 爬虫的相关模块，如 requests、re、BeautifulSoup，并且对爬虫框架 Scrapy 及其使用步骤有基本的了解。

7.1 爬取豆瓣网上 250 部最佳电影的信息

7.1.1 实验目的

（1）了解网络爬虫的结构和规则。

（2）理解 robots.txt 文件的作用和形式。

（3）掌握 requests 模块中 get()函数的使用方法，以及 Response 对象的 encoding 属性的作用。

（4）了解 BeautifulSoup 模块及如何过滤选取的信息。

（5）了解 re 模块的基本使用方法。

7.1.2 实验内容

获取豆瓣网上 250 部最佳电影列表。在浏览器中搜索"豆瓣电影 Top 250"并打开相应的网址，发现每页显示 25 部电影，共 10 页，第 1 页网址中的 start=0，第 2 页网址中的 start=25，第 3 页网址中的 start=50，以此类推，第 10 页网址中的 start=225。爬取每部电影的 ID、电影名称和上映年份等基本信息。

7.1.3 实验原理

Python 中的 requests 模块主要用于爬取网页信息，其中最常用的函数是 get()函数。get()函数主要用于创建一个向服务器请求资源的 Request 对象，并且返回一个包含爬虫内容的 Response 对象。get()函数的参数 url 是要爬取网页的 URL，参数 params 是 URL 中的额外参数(字典或字节流格式),**kwargs 是 12 个控制访问参数(可选)。Response 对象的 encoding 属性表示从 HTTP 消息头中猜测的响应内容的编码方式。

在爬取网页信息时,网络爬虫自动或人工识别 Robots 协议。Robots 协议,全称是 Robots Exclusion Standard (网络爬虫排除标准),又称为 robots.txt (统一小写),是一种存储于网站根目录下、采用 ASCII 编码的文本文件,通常用于告诉网络爬虫当前网站中的哪些内容可以爬取,哪些内容不可以爬取。Robots 协议是建议,不是约束,网络爬虫可以不遵守,但存在法律风险,其语法格式示例如下。

- User-agent:* ("*" 代表所有)。
- Disallow:/ ("/" 代表根目录)。

上面的示例表示禁止所有搜索引擎访问网站的任何部分。User-agent 后面的内容表示搜索引擎种类,Disallow 后面的内容主要用于定义禁止爬取的目录或地址。

在爬取网页中的内容后,可以使用 BeautifulSoup 模块对网页信息进行提取,在命令行中执行 pip install beautifulsoup4 命令进行安装。BeautifulSoup 模块是解析、遍历、维护 "标签树" 的功能模块,又称为 beautifulsoup4 或 bs4,主要使用 BeautifulSoup 类。BeautifulSoup 模块对应一个 HTML/XML 文件中的全部内容,其中的标签成对出现,属性有 0 个或多个,标签的形式是 "<标签名 标签属性>标签的非属性字符串/注释</标签名>",如<p class= "title"><b>The dormouse's story</b></p>。打开 "豆瓣电影 Top 250" 的网址,利用右键菜单命令查看网页源代码,可以看到每部电影的基本信息,包括电影的 ID、电影名称和上映年份,如图 7-1 所示。

```
<div class="info">
    <div class="hd">
        <a href="https://movie.douban.com/subject/1291561/" class="">
            <span class="title">千与千寻</span>
                <span class="title"> / 千と千尋の神隠し</span>
            <span class="other"> / 神隐少女(台)  /  千与千寻的神隐</span>
        </a>


    </div>
    <div class="bd">
        <p class="">
            导演: 宫崎骏 Hayao Miyazaki   主演: 柊瑠美 Rumi Hiragi / 入野自由 Miy...<br>
            2001 / 日本 / 剧情 动画 奇幻
        </p>
```

图 7-1 网页源代码

7.1.4 参考代码

参考代码如下:

```
import requests
import re
from bs4 import BeautifulSoup
```

```
headers = {"User-Agent": "Mozilla/5.0"}
for n in range(0,250,25):
    url = 'https://movie.douban.com/top250?start={}&filter='.format(n)
    html = requests.get(url,headers=headers)
    html.encoding = 'utf-8'
    soup = BeautifulSoup(html.text, 'html.parser')  # bs4 的 HTML 解析器
    # 获取所有标签名为 div、class 属性值为 info 的标签
    # 也可以用 soup.find_all(name='div',attrs={"class":"info"})
    # 或者 soup.find_all(name='div',class_='info')
    for item in soup.find_all('div','info'):
        title = item.div.a.span.string          #获取标题
        yearline = item.find('div','bd').p.contents[2].string #获取年份那一行
        year = yearline.replace(' ','').replace('\n','')[0:4] #获取年份
        movie_url = item.div.a['href']          # 获取电影主页的 URL
        p = re.compile(r'\d+')                  # 将一个正则表达式编译成 Pattern 对象
        movie_id = p.findall(movie_url)[0]      # 获取电影 ID
        # 将获取的电影信息写入文本文件
        with open('./MovieTop250.txt','a+',encoding='utf-8') as f:
            tplt = "{0:<10} {1:{3}^15} {2:>15}"
            print(tplt.format(movie_id, title,year,chr(12288)),file=f)

# 查看前 10 部电影的 ID
with open('./MovieTop250.txt','r',encoding='utf-8',errors='ignore') as f:
    movie_list = f.readlines()
for item in movie_list[:10]:
    print(item)
```

以上代码的运行结果如下：

1292052	肖申克的救赎	1994
1291546	霸王别姬	1993
1292720	阿甘正传	1994
1292722	泰坦尼克号	1997
1295644	这个杀手不太冷	1994
1292063	美丽人生	1997
1291561	千与千寻	2001

1295124	辛德勒的名单	1993
1889243	星际穿越	2014
3541415	盗梦空间	2010

7.2 淘宝网上商品比价定向爬虫

7.2.1 实验目的

（1）了解 requests 模块。

（2）了解正则表达式的常用操作符。

（3）理解定向爬虫的处理步骤。

（4）了解淘宝网的搜索接口和对翻页操作的处理。

（5）掌握函数的定义和使用方法。

7.2.2 实验内容

编写程序，获取淘宝网搜索网页中的信息，提取其中的商品名称和价格。

7.2.3 实验原理

正则表达式 RE 是字符串处理的有力工具，它使用预定义的模式匹配具有共同特征的字符串，可以快速、准确地完成复杂的查找、替换等操作。与字符串自身的方法相比，RE 提供了更强大的处理功能。正则表达式由字符和操作符构成，可以将其看作一个规则字符串。通过编译，可以提取要处理的文本中匹配正则表达式的字符串。

本实验会利用 requests 模块和 re 模块定向爬取淘宝网上某商品的价格信息，并且将爬取结果存储于 Excel 文件中。在爬取过程中，仅对输入的 URL 进行爬取，不爬取网页中的其他链接地址。程序的结构设计如下。

- 编写函数 getHTMLText()，用于提交商品搜索请求，循环获取网页。
- 编写函数 parsePage()，用于提取每个网页中的商品名称和价格。
- 编写函数 savePriceList()，用于将爬取的信息存储于 Excel 文件中。

在爬取网页信息时，如果没有输出信息，则可能因为被爬取的网站安装了反爬取程序。解决方法是补充 headers 参数（数据类型为字典），用于模拟浏览器，欺骗服务器，从而获取与浏览器一致的内容。在爬取网页信息时，首先登录淘宝账号，然后搜索商品名称，查看网页源代码，找到 Accept 和 Cookie 信息，最后将其添加到 headers 中。

7.2.4　参考代码

参考代码如下：

```python
import requests
import re
import openpyxl


def getHTMLText(url):
    """返回 url 对应的网页信息的字符串形式"""
    try:
        r = requests.get(url, timeout=30)
        r.raise_for_status()
        r.encoding = r.apparent_encoding
        return r.text
    except:
        return "爬取失败"


def parsePage(ilt, html):
    """
    解析网页信息 html，将商品价格和名称存储于列表 ilt 中；
    ilt 是一个二维列表，其中的每个元素都是包含商品名称和价格的一维列表
    """
    try:
        plt = re.findall(r'"view_price":"[\d\.]*"',html)
        tlt = re.findall(r'"raw_title":".*?"',html)
        for i in range(len(plt)):
            price = eval(plt[i].split(':')[1])
            title = eval(tlt[i].split(':')[1])
            ilt.append([price, title])
    except:
        print("解析不成功")


def savePriceList(ilt,filename):
    """
    将爬取的信息存储于 filename 文件中。
    filename 文件是 Excel 文件。
    """
    columnName = ["序号","价格", "商品名称"]
    # 创建空的 Excel 文件
    wb = openpyxl.Workbook()
    sheet = wb.active
    sheet.append(columnName)
```

```
    count = 0
    for item in ilt:
        count += 1
        sheet.append([count,item[0],item[1]])
    wb.save(filename)

def main():
    # goods 表示要爬取的商品名称
    goods = '遮阳伞'
    # depth 表示爬取深度，也就是向下爬取的网页数
    depth = 10
    # 淘宝网搜索网页的 URL
    start_url = 'https://s.taobao.com/search?q=' + goods
    # 存储信息的文件名
    filename = './ShadePrice.xlsx'
    infoList = []
    for i in range(depth):
        try:
            url = start_url + '&s=' + str(44*i)
            html = getHTMLText(url)
            parsePage(infoList, html)
        except:
            continue
    savePriceList(infoList,filename)

main()
```

运行以上代码，得到一个名为"ShadePrice.xlsx"的 Excel 文件，其中的部分内容如图 7-2 所示。

序号	价格	商品名称
1	10.90	胶囊遮太阳伞女防晒紫外线口袋五折晴雨两用折叠小巧手动迷你便携
2	25.80	天堂伞官网旗舰店大号男士雨伞女晴雨两用双层超大手动折叠太阳伞
3	95.00	太阳伞大型户外摆摊遮阳伞大雨伞四方长方形防晒雨棚庭院商用折叠
4	36.80	太阳伞折叠晴雨两用高颜值女生口袋伞防晒防紫外线小巧便携遮阳伞
5	29.80	太阳伞防晒防紫外线女五折遮阳雨伞小巧便携折叠迷你胶囊晴雨两用
6	39.90	Cmon五折伞太阳伞女防晒紫外线遮阳伞口袋伞黑胶晴雨伞超轻胶囊伞
7	35.00	全自动雨伞女晴雨两用抗风加固男士太阳防晒防紫外线遮阳暴雨专用
8	20.80	全自动雨伞女太阳防晒防紫外线遮阳男士反向伞折叠黑胶晴雨两用伞
9	23.80	太阳伞防晒防紫外线女防晒儿童胶囊雨伞晴雨两用迷你折叠高颜值男
10	14.80	胶囊太阳伞防晒防紫外线雨伞女晴雨两用遮阳伞超轻五折伞口袋小巧
11	13.80	雨伞女晴雨两用男士太阳伞防晒防紫外线加固自动伞黑胶遮阳伞男
12	59.90	天堂伞全自动折叠便携黑胶防晒太阳伞遮阳伞加固厚晴雨伞两用男女
13	49.99	天堂伞加大号雨伞折叠晴雨两用伞防晒防紫外线遮阳伞太阳伞男女士
14	17.80	官方正品/全自动雨伞太阳伞防晒紫外线遮阳伞晴雨两用男女折叠893
15	41.80	24骨雨伞女晴雨两用男士大号折叠伞黑胶防晒防紫外线全自动太阳伞

图 7-2   ShadePrice.xlsx 文件中的部分内容

7.3　使用 Scrapy 爬取某个城市未来一周的天气数据

7.3.1　实验目的

（1）了解 Scrapy。

（2）掌握 Scrapy 爬虫的使用步骤。

（3）了解 Scrapy 爬虫提取信息的方法。

（4）能够灵活应用 Scrapy 爬取信息。

7.3.2　实验内容

安装 Python 扩展模块 Scrapy，编写爬虫项目，从某个天气预报网站爬取某个城市未来一周的天气数据，并且将爬取到的天气数据写入文本文件。

7.3.3　实验原理

Scrapy 是一个快速、功能强大的网络爬虫框架，而不是一个函数功能模块。爬虫框架是实现爬虫功能的一个软件结构和功能组件集合，是一个半成品，它能够帮助用户实现专业的网络爬虫功能。以 Windows 操作系统为例，在安装 Scrapy 时，会以管理员身份打开命令行窗口，执行 pip install scrapy 命令。在安装完成后，执行 scrapy -h 命令进行测试，如果出现如图 7-3 所示的界面，则表示安装成功。

```
F:\Python\Python310\Scripts>scrapy -h
Scrapy 2.9.0 - no active project

Usage:
  scrapy <command> [options] [args]

Available commands:
  bench         Run quick benchmark test
  fetch         Fetch a URL using the Scrapy downloader
  genspider     Generate new spider using pre-defined templates
  runspider     Run a self-contained spider (without creating a project)
  settings      Get settings values
  shell         Interactive scraping console
  startproject  Create new project
  version       Print Scrapy version
  view          Open URL in browser, as seen by Scrapy

  [ more ]      More commands available when run from project directory

Use "scrapy <command> -h" to see more info about a command

F:\Python\Python310\Scripts>
```

图 7-3　测试 Scrapy 的安装结果

Scrapy 爬虫框架的结构如下。

- Engine：控制所有模块之间的数据流，根据条件触发事件。不需要用户修改。

- Downloader：根据请求下载网页。不需要用户修改。
- Scheduler：对所有爬取请求进行调度管理。不需要用户修改。
- Downloader Middleware：在 Engine、Scheduler 和 Downloader 之间进行用户可配置的控制，修改、丢弃、新增请求（Request）或响应（Response）。用户可以编写配置代码。
- Spider：解析 Downloader 返回的响应，产生爬取项（Scraped Item）和额外的爬取请求。需要用户编写配置代码。
- Item Pipelines：以流水线的方式处理 Spider 产生的爬取项，由一组操作组成，可能的操作包括清理、检验和查重爬取项中的 HTML 数据，将数据存储于数据库中。需要用户编写配置代码。
- Spider Middleware：对请求和爬取项进行处理，主要用于修改、丢弃、新增请求或爬取项。用户可以编写配置代码。

Scrapy 爬取某个城市天气预报的步骤如下。

（1）创建一个 Scrapy 爬虫工程，选取一个目录，如 C:\Users\Lenovo\Desktop\，然后在该目录下执行 scrapy startproject weather 命令，生成工程目录 weather，该工程目录下包含一个子目录 weather 和一个部署 Scrapy 爬虫的配置文件 scrapy.cfg。子目录 weather 下包含一个目录 spiders 及 5 个文件（__init__.py 文件、items.py 文件、middlewares.py 文件、pipelines.py 文件和 settings.py 文件）。

（2）进入工程目录 C:\Users\Lenovo\Desktop\weather，然后执行 scrapy genspider CityWeather tianqi.com 命令，在工程目录下的子目录 weather\spiders 下创建一个文件 CityWeather.py。

（3）修改 CityWeather.py 文件。

（4）修改子目录 weather 下的 pipelines.py 文件，定义对爬取项的处理类。

（5）配置子目录 weather 下的 settings.py 文件，将其中的配置项 ITEM_PIPELINES 的键改为 pipelines.py 文件中的处理类名，即 ITEM_PIPELINES={"weather.pipelines. WeatherInfoPipeline":300, }。

（6）在命令提示符环境中进入工程目录 weather，即 C:\Users\Lenovo\Desktop\weather，执行 scrapy crawl CityWeather 命令，即可在工程目录 weather 下生成一个以当前日期命名的文本文件。

为了顺利进行上面的爬取步骤，需要提前做一些准备工作，具体如下。

（1）要确定网络天气数据的来源。打开浏览器，搜索网络天气预报，出现很多可选网站，这里选择天气网进行爬取。如果要查看任意一个城市未来一周的天气预报，则在天气网的网址后添加城市名和数字 7。如果添加的是数字 15，则显示未来 15 天的天气数据。例如，查看西安未来一周的天气情况，在打开网址后会看到类似图 7-4 所示的天气数据。

这里的天气数据包括日期、星期、天气图标和温度。本实验要爬取的信息是日期、天气和温度字符串。

图 7-4　西安未来一周的天气预报

（2）在当前网页右击，在弹出的快捷菜单中选择"查看网页源代码"命令，找到图 7-4 中天气数据对应的源代码，如图 7-5 所示（此处只截取 1 月 31 日天气数据的源代码）。其中，使用浅灰色底纹标出来的是所有爬取数据的起始位置，使用深灰色底纹标出来的是需要爬取的数据。因此，将<ul class="weaul">作为网页文件的锚点，爬取相关内容。

```
<ul class="weaui">
                              <li>
                                        <a href="/xian/?qd=tq7" title="西安今天天气"
                                        <div
               class="weaul_q weaul_qblue"
                              ><span class="fl">01-31</span>
               <span class="fr">今天</span>
                        </div>
<div class="weaul_a"><img src="//static.tianqistatic.com/static/tianqi2018/ico2/b32.png"></div>
<div class="weaul_z">重度雾霾</div>
<div class="weaul_z"><span>-2</span>`<span>3</span>℃</div>
```

图 7-5　网页源代码

7.3.4　参考代码

修改爬虫文件 CityWeather.py，定义如何爬取数据，参考代码如下：

```python
# CityWeather.py
import scrapy

class CityweatherSpider(scrapy.Spider):
    name = 'CityWeather'
    start_urls = ['http://www.tianqi.com/']
    def parse(self,response):
        # 可以一次爬取多个城市未来一周的天气数据
        cities = ['lanzhou','xian','hangzhou','changsha','wuhan']
```

```
        for city in cities:
            url = 'http://www.tianqi.com/' + city + '/7/'
            yield scrapy.Request(url,callback=self.parse_weather)

    def parse_weather(self, response):
        information = {}
        try:
            subSelector1 = response.xpath('//ul[@class="weaul"]')
            subSelector2 = response.xpath('//div[@class="weaul_z"]')
            sub3 = subSelector1.xpath('./li/a/div/span/text()')
            city = subSelector1.xpath('./li/a/@title')[0].extract()[:-4]
            infoList = []

            for i in range(0,28,4):
                info = []
                # date,mintemp,maxtemp
                for j in range(4):
                    if j == 1:
                        continue
                    info.append(sub3[i+j].extract())
                # weather
                info.append(subSelector2[i//2].xpath('./text()').extract()[0])
                infoList.append(info)
            information[city] = infoList
            yield information
        except:
            print("Parse error!!!")
```

修改 pipelines.py 文件，将爬取到的数据写入文本文件，参考代码如下：

```
# pipelines.py
import time

class WeatherPipeline(object):
    def process_item(self, item, spider):
        return item

class WeatherInfoPipeline(object):
    def open_spider(self,spider):
        today = time.strftime('%Y%m%d',time.localtime())
        filename = today + '.txt'
        self.f = open(filename,'w',encoding='utf-8')
```

```
def close_spider(self,spider):
    self.f.close()


def process_item(self,item,spider):
    try:
        for city,value in item.items():
            self.f.write(city + '\n')
            for info in value:
                self.f.write("\t".join(info[:-2]))
                self.f.write("~" + info[-2] + '℃' + '\t\t')
                self.f.write(info[-1] + '\n')
            self.f.write("\n")
    except:
        pass
```

在命令提示符环境中执行 scrapy crawl CityWeather 命令，在工程目录 weather 下会出现一个以当前日期命名的文本文件，其中存储着要爬取城市未来一周的天气数据，具体如下：

```
武汉
05-12    15~27℃          晴
05-13    16~28℃          阴
05-14    17~31℃          多云
05-15    23~32℃          多云转阴
05-16    20~28℃          小雨到中雨
05-17    20~24℃          小雨到中雨
05-18    19~25℃          多云

西安
05-12    12~30℃          多云
05-13    16~31℃          晴
05-14    16~34℃          晴
05-15    18~34℃          多云转阴
05-16    20~33℃          多云
05-17    20~34℃          多云转阴
05-18    19~32℃          阴

兰州
05-12    4~19℃       多云
05-13    11~27℃          晴
05-14    12~29℃          多云转晴
05-15    14~31℃          多云转阴
05-16    13~28℃          阴
```

| 05-17 | 11~29℃ | 多云转阴 |
| 05-18 | 11~27℃ | 阴 |

长沙

05-12	13~26℃	多云
05-13	18~28℃	阴
05-14	18~28℃	阴
05-15	21~29℃	阴
05-16	23~28℃	小雨
05-17	20~24℃	小雨到中雨
05-18	20~28℃	多云

杭州

05-12	14~25℃	晴
05-13	16~28℃	多云
05-14	16~30℃	多云转晴
05-15	17~32℃	晴转阴
05-16	21~32℃	阴
05-17	20~25℃	小雨
05-18	19~26℃	多云转晴

参考文献

[1] 董付国. Python 程序设计实验指导书[M]. 北京：清华大学出版社，2019.

[2] 嵩天，礼欣，黄天羽. Python 语言程序设计基础[M]. 2 版. 北京：高等教育出版社，2017.

反侵权盗版声明

  电子工业出版社依法对本作品享有专有出版权。任何未经权利人书面许可，复制、销售或通过信息网络传播本作品的行为；歪曲、篡改、剽窃本作品的行为，均违反《中华人民共和国著作权法》，其行为人应承担相应的民事责任和行政责任，构成犯罪的，将被依法追究刑事责任。

  为了维护市场秩序，保护权利人的合法权益，我社将依法查处和打击侵权盗版的单位和个人。欢迎社会各界人士积极举报侵权盗版行为，本社将奖励举报有功人员，并保证举报人的信息不被泄露。

举报电话：（010）88254396；（010）88258888

传　　真：（010）88254397

E-mail：　dbqq@phei.com.cn

通信地址：北京市万寿路 173 信箱

     电子工业出版社总编办公室

邮　　编：100036